大众科普系列丛书

自然灾害知识手册

蒋红涛◎主　编

贵州科技出版社

图书在版编目（CIP）数据

自然灾害知识手册 / 蒋红涛主编. -- 贵阳 : 贵州科技出版社, 2022.4
（大众科普系列丛书）
ISBN 978-7-5532-1035-3

Ⅰ. ①自… Ⅱ. ①蒋… Ⅲ. ①自然灾害—灾害防治—手册 Ⅳ. ①X43-62

中国版本图书馆CIP数据核字(2021)第256874号

大众科普系列丛书：自然灾害知识手册
DAZHONG KEPU XILIE CONGSHU：ZIRAN ZAIHAI ZHISHI SHOUCE

出版发行 贵州科技出版社
地　　址 贵阳市中天会展城会展东路A座（邮政编码：550081）
网　　址 http://www.gzstph.com　http://www.gzkj.com.cn
出 版 人 朱文迅
经　　销 全国各地新华书店
印　　刷 河北文盛印刷有限公司
版　　次 2022年4月第1版
印　　次 2023年1月第2次
字　　数 96千字
印　　张 4
开　　本 889mm × 1194mm1/32
书　　号 ISBN 978-7-5532-1035-3
定　　价 30.00元

天猫旗舰店：http://gzkjcbs.tmall.com
京东专营店：https://mall.jd.com/index-10293347.html

《大众科普系列丛书：自然灾害知识手册》

编 委 会

前言
FOREWORD

现代社会，各种意外伤害及自然灾害时有发生，不断影响和威胁着人们的正常生活。一些人因自我保护意识不强、防范能力较差，往往成为各种直接或间接伤害的受害者。惨痛的悲剧让我们深刻意识到：对大众进行系统的安全知识教育是十分有必要的。要让大众树立自护、自救观念，形成自护、自救意识，培养自护、自救能力，在遇到各种异常事故和危险时能够果断、正确地进行自护和自救。

为了更好地帮助人们有效应对各种不安全因素，向人们普及有关急救自救、交通出行、消防火灾、居家生活、野外出行、健康饮食、自然灾害、网络信息、校园生活等方面的安全知识，学习出现安全事故时的应急、自救方法等，我们经过精心策划，组织相关专业人员编写了这套丛书。

本丛书向人们提供了系统的安全避险、防灾减灾知识，并精选了近些年发生的安全事故及自然灾害事例，内容翔实，趣味性、实用性、可操作性强，可帮助人们在危险及灾害来临时从容自救和互救。本丛书旨在告诉人们，只要充分认识各种危险，了解各种灾害的特点、形成原因及主要危害，学习一些危险及灾害应急预防措施，就能够在危险及灾害来临时从容应对，成功逃生和避险。另外，本丛书可以帮助大家提升科学素养，弘扬科学精神，营造讲科学、爱科学、学科学的良好氛围，切实提高科学知识普及率，使科学知识真正惠及千家万户。

我们衷心希望这套丛书成为保障大家安全的实用指南，为大家拥有平安快乐的生活、美好幸福的未来保驾护航！

由于丛书编写时间仓促，加上编者水平有限，书中难免存在疏漏及不当之处，欢迎读者朋友提出宝贵意见。

编委会

2021年12月

目录
CONTENTS

第一章　洪涝灾害 / 1

- 一、洪涝灾害概述 ………………………… 2
- 二、洪水中的自救 ………………………… 4
- 三、洪水中的互救 ………………………… 25
- 四、灾后防疫 ………………………… 28

第二章　泥石流 / 32

- 一、泥石流概述 ………………………… 32
- 二、从不同的角度看泥石流 ………………………… 38
- 三、遭遇泥石流的逃生方法 ………………………… 40
- 四、适合躲避泥石流的地方 ………………………… 42
- 五、灾后食物不足，水源污染了怎么办 ………………………… 43
- 六、泥石流过后的救援与防疫工作 ………………………… 44

第三章　地　震 / 45

▶ 一、地震概述 …………………………………… 45
▶ 二、临震时的常见预兆 ……………………… 48
▶ 三、地震中的自救 …………………………… 52
▶ 四、地震中的互救 …………………………… 64
▶ 五、地震中受到的主要伤害 ………………… 70
▶ 六、地震后的正确做法 ……………………… 72

第四章　滑坡和崩塌 / 75

▶ 一、滑坡和崩塌概述 ………………………… 75
▶ 二、滑坡的预防 ……………………………… 85
▶ 三、滑坡来临时的自救 ……………………… 96
▶ 四、滑坡发生后的注意事项 ………………… 98
▶ 五、抢救人或物时的注意事项 ……………… 99

第五章　风　灾 / 100

▶ 一、风灾概述 ………………………………… 100
▶ 二、台风的预防与监测 ……………………… 102
▶ 三、龙卷风的预防与监测 …………………… 111
▶ 四、沙尘暴的预防与监测 …………………… 115

第一章　洪涝灾害

水是生命之源，人类依靠水来生存，万物的繁衍生息同样也离不开水的滋润。但人类在享受水资源的同时也遭到了一次又一次的水灾威胁，这些威胁有自然因素，也有人为因素。例如，人类对森林的大肆砍伐，造成严重的水土流失，年复一年，水没有了森林的阻隔，开始泛滥成灾，给人们带来了巨大的财产损失，更吞噬了无数的生命。洪涝灾害是自然界

被洪水淹没的堤岸

一种极其常见的自然现象，如果我们能提高对自然的保护意识，加强对洪灾的了解，增强避险自救的意识，那么，我们就能更好地避免灾难的发生，就算在洪灾发生时，也能减少它对生命、财产安全的威胁。

一、洪涝灾害概述

一般来说，洪和涝是密不可分的自然现象，与人类的生活和社会活动紧密相连，它是在一定的地理、资源、环境、人口及社会经济条件下发生、发展的，自然因素和社会因素都会对其产生影响。

我国的河流大多数属于暴雨洪水性质，暴雨洪水是引发洪涝灾害最主要的自然因素。而暴雨洪水的产生又与天气、气候和水系特征相关联；天气、气候和水系特征又是随自然地理环境的不同而改变的，这一系列的相互关系都直接或间接地影响着洪涝灾害的类型、强度，以及时间和空间的变化。

在人类历史长河中，虽然人类社会一直扮演着洪涝灾害的受害者角色，但也在不断地对洪涝灾害施加着各种正面或负面的影响。

由此可见，洪涝和其他自然灾害一样，具有自然和社会两种属性。它遵循自然规律的变化，但也随着人类社会的存在而发生着相应的变化。

洪涝灾害很少独来独往，它经常与其他自然灾害相伴相生，形成“洪涝灾害链”。如暴雨，它看起来不过是一种自然现象，但它会因为自然和社会环境的影响而形成洪水、

乱砍滥伐导致水土流失

泥石流、滑坡等灾害，而这些灾害有可能进一步造成水土流失、瘟疫蔓延等；再如台风，台风一般都携带着特大暴雨或大潮的侵袭，给人们的生命、财产带来极大的威胁；此外，地震也会引发洪水，2008年5月12日的汶川地震，因山体滑坡堵塞河道，形成堰塞湖，使河水大量囤积，极有可能造成特大洪灾。可见很多的自然灾害都与洪水有着密切的联系，所以对于洪水的治理是多方面的。全面改善自然和社会环境，

可以有效地防治洪涝灾害，从而使人们的生命和财产安全得到保障。

二、洪水中的自救

1 水灾的自救逃生常识

民众普遍缺乏避灾自救常识，这会造成不必要的人员伤亡和经济损失。南方地区降雨频繁，水灾成为南方地区面临的首要自然灾害。因此，水灾的自救逃生知识就显得尤为重要。

洪水突至，我们要选择什么样的避灾场所才是最安全的呢？被洪水围困时，我们该怎样采取行之有效的办法，以免被洪水冲走呢？水灾过后，我们又当如何应对灾后疫情呢？每一个细小的问题都是关系到我们生死存亡的大问题，我们要为自己的生命有所考虑。多了解一些避灾自救的常识，关键时刻可以挽救生命。

（1）关注天气预报，提高警惕。

水灾通常较易发生在江河湖泊的沿岸和低洼地区，水灾的破坏性主要表现在山洪暴发和江河湖泊泛滥方面。山洪多发生在山区或丘陵地区，江河湖泊泛滥则多发生在河江湖泊沿岸及低洼地带。在这些洪水多发地带居住的民众，需要特别注意每年的汛期规律及暴雨周期，关注当地的水情预报和天气预报，提高警惕，安全预防很重要。

（2）当洪水来临时的防范措施。

灾害前应根据经验或灾害前兆做预测，并取得相关的气象状况的支持，在水灾到来之前做好预防工作，及时转移人、畜、财物到安全地带。疏散转移时，尤其要照顾好老、弱、妇、孺及病人。

食物

水情预报情况较紧急时，应及时迅速地准备好必要的食品、饮用水与保暖衣物，在需要疏散或转移时不致慌乱。

疏散和转移之前，一定要记住关好水闸，切断电源，对不方便带走的贵重物品做好防水措施，捆扎妥当，放在不易被洪水侵蚀的安全地方。出发之前把门的缝隙堵塞好，门槛外侧填充沙包或旧毛毯等吸水之物，防止洪水漫入；并关好门窗，防止室内财物顺水流走。

切断室内电源

向高处转移

在危险地带（如地处河堤缺口、危房处）的人群必须马上撤离现场，迅速转移到高坡地带或高层建筑物的楼顶等安全场地等待救援。

洪水突至，如果来不及安全转移时，有一个很重要的原则：人往高处走。就是说一定要往高处逃生。可以收集身边一切可以利用的漂浮物，但是不到万不得已，绝对不可贸然下水。

应急逃生措施：一定要向高处转移。如爬上楼顶、大树或就近的较高山头，发出求救信号，等待救援。

2 居家遇到洪水如何自我防护

洪水发生时，如果你在家中，首先要冷静，不要慌张。

马上关闭煤气总阀和电源总开关，以免发生煤气泄漏或电线浸水漏电等状况。

如果衣被等御寒物不能随身携带，就放在高处保存；将不便携带的贵重物品做防水处理后埋入地下，做好记号以便以后找寻，不能埋藏的就放置在可以存放的最高处；票款、首饰等财物可以缝在随身衣物中，以备不时之需。

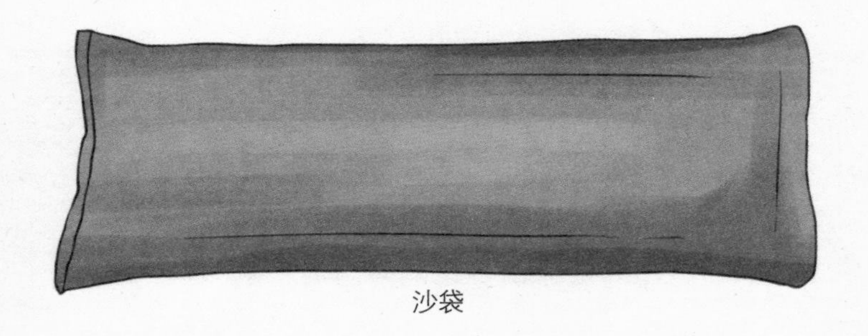

沙袋

房屋的门槛、窗户的缝隙是最先进水的地方，可用袋子装满沙石、泥土，做成沙袋、土袋，在门槛和窗户处筑起第一道防线。沙袋可以自制，以长30 cm、宽15 cm为宜；也可以用塑料袋或者简易布袋塞满沙子、碎石或泥土等，功用等同于沙袋。如临时找不到以上材料，就用旧毛毯或地毯、废旧毛巾等

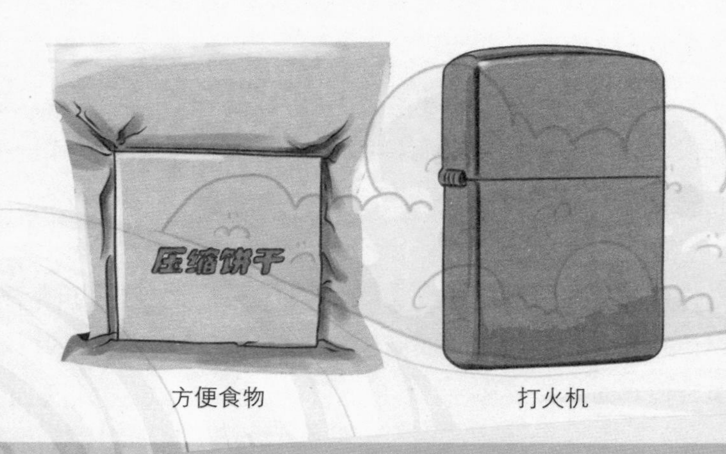

方便食物　　打火机

吸水之物，塞住门槛、窗户的缝隙。

把所有的门窗缝隙用胶带纸封严，最好多封几层。

一定不要忘记老鼠洞穴、排水洞这些容易进水的地方，都要堵死。做好各项密闭工作的建筑物可以有效地防止洪水入侵。

如果预计洪水水位会涨很高，那么任何有可能进水的地方都要堆积沙袋。出门时尽量把门窗关好，以免财物被水冲走。

假如洪水不断上涨，在短时间内不会消退，一定要及时储备一些饮用淡水、方便食物、保暖衣物和烧开水的用具。如果没有轻便的炊具或不方便使用炊具，要多准备方便食用、免加工的食物，还要准备火柴和充气打火机，必要时用来取火。最好多准备高热量食品，如巧克力、甜糕饼等，还有碳酸饮料、果汁饮料等，高热量食品能增强体力。

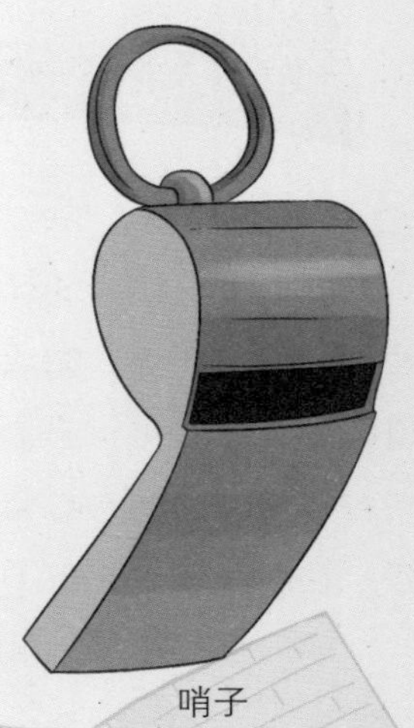
哨子

洪水到来时难以找到干净的饮用水，所以，在洪水来之前可用木盆、水桶等盛水工具储备干净的饮用水。最好是用一些有盖子的可以密闭保存的瓶子、水桶等，防止水源被污染。

如果洪水迅速猛涨，你不得不躲到屋顶或爬到树上，这时你要收集一切可用来发求救信号的物品，如哨子，镜子，颜色鲜艳的衣物、围巾或床单、旗帜，可以焚烧的破布，等等。除此之外，手电筒和火光可以在夜晚及时发出求救信

可以发出求救信号的物品

号，以争取及早被营救。

如果水灾严重，你已经被迫上了屋顶，可以架起一个防护棚。如果屋顶是倾斜的，就用绳子或床单撕成条状把自己系在烟囱或其他坚固的物体上，以防从屋顶滑落。如果你已经爬

自制木筏逃生

到树上，要把身体和强壮的枝干等固定物相连，防止从高处滑落，掉入洪水急流中被卷走。

如果水位看起来已经开始有淹没屋顶的危险了，就要开始准备自制小木筏，家里任何入水能浮的东西，如木桶、气床、箱子，甚至衣柜，都可以用来制作木筏。若没有绳子的话，就用床单撕成条状捆扎物体。做好后一定要先试试木筏是不是能够漂浮并承载相应的重量；此外，制作桨的东西也是必不可少的。还要提醒你的是，发信号的用具无论何时都要随身携带。

不到迫不得已不要乘木筏逃生，因为这样非常危险，尤其是水性不好的人，一旦遇上汹涌的洪水，很容易翻船。除非大水已经有了可以冲垮建筑物的可能，或水面将要没过屋顶，否则别动，因为洪水也许很快会停止上涨，还是就地等待救援更加安全。即使游泳技术好，也不要轻易下水，防止被暗流漩涡和漂浮物冲击。

3 遇洪水选择哪些物品可以逃生

体积较大的中空容器，如油桶、储水桶等，迅速倒空原有液体后，重新将桶盖盖紧、封好。这是很好的能增加人体浮力的东西。而密封性差的容器会给你的逃生带来麻烦。

逃生用具——空饮料瓶等

空饮料瓶、木酒桶或

逃生用具——船只

塑料桶，如果单个的浮力较小，可以捆扎在一起增加浮力来应急。

足球、排球、篮球等运动器材的浮力都很好。

木质的桌椅板凳、箱柜等也都有一定的浮力。

逃生用具——木桶

4 财物的保存

贵重物品要妥善保存，以减少灾害损失。

不便携带的贵重物品，做防水捆扎后，埋入地下或置放于高处不易被水浸泡的地方，埋入地下的位置要做好记号以便以后寻找。

少量票款和首饰等做好防水处理后可以缝在贴身的衣物中。

尽量做好屋内财产的防盗处理。

当情况紧急、自顾不暇时，不要舍不得财物，应轻装准备，迅速逃生。

5 逃生的物资准备

一台无线电收音机，并检查电量是否充足，以备电路、网络中断时随时收听，及时了解各种相关信息。

多备洁净的饮用水、高热量的罐装果汁和保质期长、方便食用的食品，并做好密封工作，防止污染或变质。

多准备保暖衣物及各种有可能用到的药品，如治疗感冒、痢疾、皮肤感染的药品。

收集可以发求救信号的物品，如哨子、手电筒、蜡烛、火柴、打火机

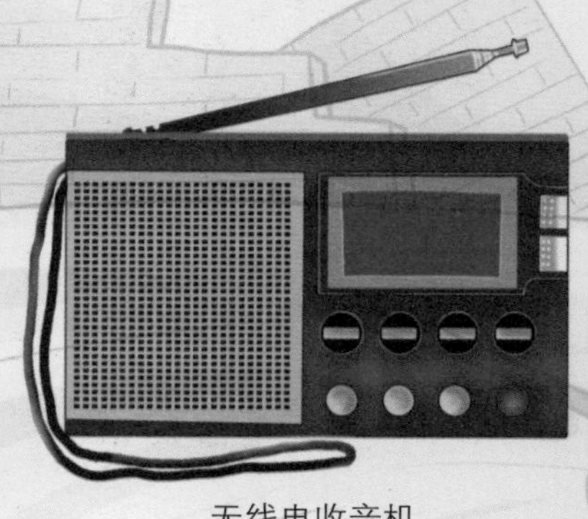
无线电收音机

等，以防不测时发出求救信号。

汽车加满油，保证需要的时候随时可以开动，车内还要备有尖利工具等，以便汽车没入水中时可以敲破车窗逃生。

6 洪水逃生方案

电视上曾经播放过这样一个案例：在一个小院中，一位双下肢瘫痪的老人和4个10岁左右的孩子被洪水围困，水位不断上涨。小院像一座孤岛一样，他们孤立无援。这时水已经涨

铁塔

到了孩子的膝盖位置。为了到更加安全的地方去，4个孩子决定把老人移到院中的最高点——葡萄架上去。但是老人双下肢瘫痪，行动不便，于是4个孩子中的2个先爬上去，从上面拉拽，另外2个孩子在下面推举，用了很大的气力，终于将老人安全地拖到了葡萄架上。就这样，4个孩子运用自己的机智赢得了更多的求生机会和生存时间，最后，救援人员赶到，老人和孩子全部获救。

4个孩子依靠自己的力量，采取了适宜的逃生方法，救了自己和老人。在洪水中逃生，一定要因地制宜地采取积极的自救措施。

避灾专家提醒：当已经被洪水包围时，要设法尽快与当地的防汛部门或其他救援部门取得联系，准确报告自己的方位和险情，积极寻求救援。一定不要擅自游泳逃生，绝对不可攀爬带电的电线杆、铁塔和泥坯房的屋顶等。

7 洪水来临时的注意事项

受到洪水威胁时，如果时间来得及，要准备一切应急物品，按照预定路线，有组织、有计划地向山坡、高地等处转移；在措手不及，且已经被洪水包围的情况下，要尽可能地利用逃生船只做水上转移。如果没有船只，就取用木排、门板、木床、密封木桶等有浮力的漂浮物帮助逃生转移。洪水来得太快，人员来不及转移时，要立即爬上屋顶、楼顶平台、大树高处、高墙等，做暂时避险，并原地等待救援。

游泳技术再好，也一定不要单独游泳转移。在山区，如果遇到连降暴雨的天气，是最易暴发山洪灾害的。所以遇到这

种情况，更要避免涉水过河，防止被山洪急流冲走。山区的民众还要注意防范山体滑坡、滚石、泥石流的危害。

注意观察，如果发现高压线铁塔倾倒、电线低垂或折断，千万不可接近或触摸，要尽快远离危险的地方，防止直接触电或因地面的“跨步电压”而触电。

地处河堤缺口、危房等危险地带的人群要尽快撤离灾害现场，迅速转移到高坡地带或高层建筑物的楼顶上。

为了保存财产，在离开住处时，尽量把房门关好，这样可防止洪水冲走家具等财物，等洪水退后，财物损失可以减小到最小。但是千万不可留恋家中的财物，舍不得转移，或不顾及自身的生命安全而多带对自身安全没用的财物。

洪水过后，要及时服用预防流行病的药物，做好必要的卫生防疫工作，避免传染病的产生和流行。

8 在城市中遇洪水应该远离的危险地带

城市情况复杂，洪水暴发后危机四伏。最有效的安全措施是原地不动等待水退。但是，前提是要远离城市中的以下地带：

危房里面或危房四周，防止出现高处物体砸落、危墙坍塌或电线浸水失火或漏电；

危房警示标志

任何危墙及高墙周围，防止遭受洪水冲击后的泥土发生坍塌或砖瓦砸落；

窨井及马路两边的下水井口；

被洪水淹没的下水道；

电线杆及高压电塔周围；

化工厂及储藏危险品的仓库。

9 在城市中遇洪水的自救方法

在城市中遇到洪水怎么办，专家称首先应该迅速登上牢固的高层建筑避险，而后要与救援部门取得联系。同时，注意收集各种漂浮物，木盆、木桶都不失为逃离险境的好工具。分析洪水中人员失踪的原因——一方面是洪水流量大，猝不及防；另一方面是因为有的人不了解水情而涉水。所以，洪水中必须注意的是，不了解水情一定要在安全地带等待救援。

避难所一般应选择在距家最近、地势较高、交通较为方

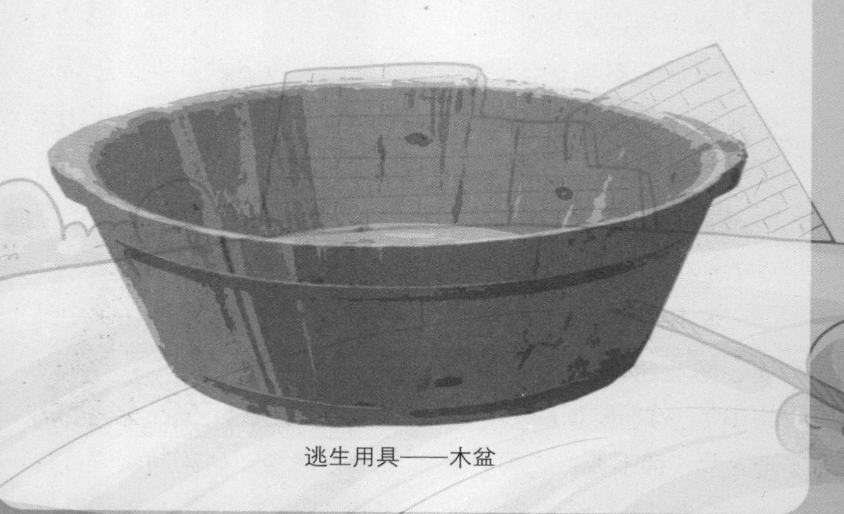

逃生用具——木盆

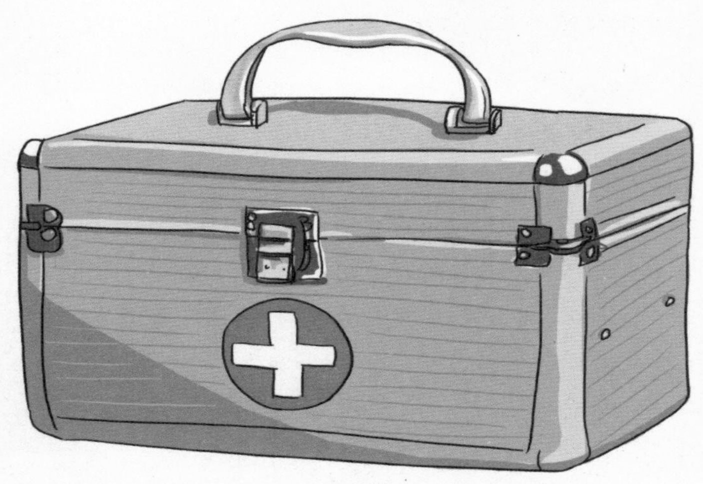

医药箱

便及卫生条件较好的地方。在城市中大多选高层建筑的平坦楼顶。

将衣被等御寒物放至高处保存；将不便携带的贵重物品做防水捆扎后埋入地下或置放于高处，票款、首饰等物品可缝在衣物中。

搜集木盆、木块等漂浮材料加工成救生设备以备急需；洪水到来时难以找到干净的饮用水，所以在洪水来之前可用木盆、水桶等盛水工具储备干净的饮用水。

准备好医药、打火机等物品；保存好各种尚能使用的通信设备，与外界保持良好的通信联系。

被水冲走或落入水中者，要保持镇定，尽量抓住水中漂浮的木板、箱子、衣柜等物。如果离岸较远，周围又没有其他人或船，就不要盲目游动，以免体力消耗殆尽。无论你遇到何种情形，都不要慌，要学会发出求救信号，如晃动衣服或树

枝，大声呼救，等等。

求生——抓住水中漂浮物

10 洪水来临时学生应该怎样逃生

洪水来临时要坚持的原则：往高处走，切勿单独行动，要学会保护自己。

学生一定不要乱跑，应听从学校的统一指挥。老师要根据现场情况，带领学生有组织、有秩序地快速往高处撤离；情况危急，来不及向校外转移时，可以组织学生上到学校楼顶，但是不要爬到泥坯墙的屋顶，这些房屋被水浸后很快会塌陷。也可以爬上附近的大树，并及时发出求救信号，等候救援。

听从指挥，有序撤离

如果是在校外遇到洪水，老师一定要组织好学生，不要慌乱，要观察现场，寻找最佳的逃生路线，然后立即离开低洼地带，选择较高的有利地形躲避。一定不要在沟底向上或向下行进，要向两侧较高处沿岩石坡面转移，更不要涉水过河。

如果洪水突至，不能及时躲避，可以就地取材，趴在木盆、木板、课桌等漂浮物上，尽量将头露出水面，等待救援。

11 在农村中遇洪水应该远离的危险地带

农村地形开阔，洪水容易长驱直入，房屋也易倒塌，水灾中的民众更易受到侵害。最安全的避灾地点是山地和坚固的建筑。应该避免的常见危险地带有：

行洪区（指主河槽与两岸主要堤防之间的洼地）、围垦区；

水库、河床及渠道（常指水渠、沟渠，是水流的通道）、涵洞（在水渠通过公路的地方，为了不妨碍交通，修筑于路面下的过路涵洞）；

危房中、危房四周；

电线杆、高压电塔附近。

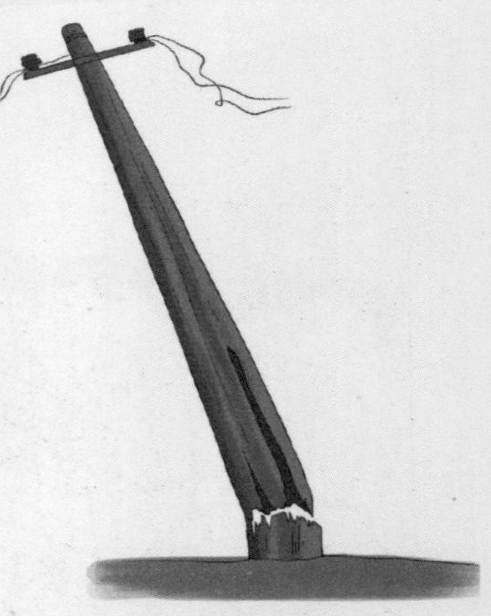

远离断裂的电线杆

12 洪水暴发时应如何避难逃生

洪水突然暴发，首先要往地势高的地方跑，不要顺着水流的方向跑，尽量避免接触洪水。洪水的流动是非常快的，即使只有15 cm深，也很容易把人冲倒，60 cm深的洪水就可以冲走汽车，急速流动的洪水很容易危及生命。

水深在0.7 ~ 2 m时，要及时采取避难措施。如弄清洪水先淹何处，后淹何处，以选择最佳的逃生路线，避免造成被洪水追着跑的被动局面。

要认清路标。洪水多发地区，政府一般建有避难道路，并设有指示行进方向的路标，避难人群可以很好地识别路标，避免盲目乱走、人群拥挤等不必要的混乱现象。

保持镇定。在洪灾中，由于突来的灾害、自身的苦痛、家庭财产的巨大损失，使得人心惶惶，如果再有流言蜚语的蛊惑、人群不时地惊恐喊叫、警车和救护车的鸣笛声等一些外来

楼顶

干扰，更容易让人产生不必要的惊恐和混乱，从而造成更大的损失。因此，避难过程中必须保持镇定的情绪。

选择良好的避难场所。避难场所一般应选择在离家最近、地势较高、交通方便的地方，有较好的卫生条件，与外界能够保持良好的通信和交通联系。在城市，大多选择地势较高或有牢固建筑的学校、医院，以及地势较高、条件较好的专用公园避难场所（一般居民集中住宅区附近都有一个这样的可作紧急避难功用的公共场所，并配有专门的应急设施），等等。农村的避难场所一是在大堤上，二是政府为灾民提供的临时避难所。

13 公交车被困水中的逃生自救法

汽车很容易在不断上涨的水中熄火，车里会慢慢变成一个储水罐，这是非常危险的。这时候，司机、售票员和乘客要团结起来，相互救助，不要混乱拥挤。

公交车被困水中后的自救措施如下：

立即打开车门，有序地下车，一定不要拥挤，以防发生踩踏事故。

若水流湍急，下

锤子

车后浸入水中时大家可以手拉手形成人墙，缓慢、稳定地向岸边移动。这样可以避免个人力量单薄，被水冲倒。

如果打不开车门时，应立即用车上的工具，如锤子、撬杠、钳子等敲碎车窗玻璃逃生，注意不要被碎玻璃划伤。

14 驾车时遭遇洪水的自救措施

如果你驾车在开阔地带遇到洪水，首先应该闭紧车窗，然后加速将车迎着洪水开过去。千万不可顺流开车，这样很容易被淹没在急流里。也不能让洪水冲到车子的侧面，以免车被掀翻卷走。如果此时你正处在峡谷或山地地带，首先应观察地形，然后迅速把车驶向高地。

如果汽车外面已经形成了积水，在水中要非常小心地驾驶，注意观察道路情况。

如果汽车在水中出现熄火现象，必须马上弃车，千万不要犹豫。在洪水不断上涨，危险迫在眉睫时，还试图驱动一辆抛锚的车，这是非常危险的。

公路被水淹没后，不要再试图穿越，因为洪水水位上涨很快，这样很容易被困住。

15 暴雨自救

河道及沟谷、洼地一般是积聚洪水的地方，下暴雨的时候，不要在这些地方行走或停留，这里往往也是洪水最先到达和积聚最多的地方。

暴雨时，电线杆很容易带电，千万要远离，防止触电事故的发生。

腰带

迅速向较高的位置转移，或及时爬到大树上，来不及的话就马上用腰带或其他可以做绳子的东西把自己固定在树干上，防止体力不支的时候，被洪水冲走。

16 房顶救护

洪水还没到房顶时，房顶是相对安全的避难场所。如有小孩，一定不要让其乱跑或受惊吓，搂紧和看护好孩子。

如果是歇山式屋顶，在洪水冲击的时候，应该顺着屋脊的方向趴牢。可以掀掉瓦片，用手抱住脊檩。

风浪大时，抱紧屋顶上的烟囱或其他坚固的固定设施，并用绳索或腰带、衣物等把自己固定好，防止滑落水中。

三、洪水中的互救

1 溺水时的救护

溺水主要是指人体浸没在水中时，水充满呼吸道和肺泡引起缺氧窒息，最终造成呼吸停止和心脏停搏而死亡。溺水者也会因为有大量的水、泥沙、杂物经口、鼻灌入肺内，引起呼吸道阻塞、大脑缺氧而致昏迷，甚至死亡。

溺水后最常见的症状：溺水者面部紫绀、肿胀，双眼充血，瞳孔散大，口腔、鼻孔和气管充满血性泡沫、泥沙或藻类，手足掌皮肤皱缩苍白，肢体冰冷，脉细弱，甚至抽搐或心跳停止。

溺水会很快导致死亡，溺水者常常在4～6 min内死亡。因此，抢救溺水者必须迅速而及时。不习水性而落水者，不必慌乱，可以迅速采取自救措施：除呼救外，头使劲向后仰，下巴往外探出，尽量使口鼻露出水面，避免呛水，这时人会本能地将手上举或挣扎，但这只会加速身体下沉的速度，所以一定要保持冷静，避免因挣扎而造成更大的伤害。

会游泳的人如果因为突然入水出现肌肉抽筋，或因长时间在水中运动而发生肌肉疲劳也可以采取上述自救办法。救护者要镇静，尽量脱去外衣、鞋或靴等。游到溺水者附近时，要看准位置，为避免被溺水者紧抱缠身，要从其后方出手救援，最好是用左手从其左臂或身体中间握住其右手，或拖住其头部，然后仰游回到岸边。来得及的话，可以带上救生圈、救

生衣或塑料泡沫板等。

溺水者出水后，首先清理其口鼻内的污泥、痰涕，将舌拉出，保持呼吸道通畅。然后进行控水处理，方法为施救者单腿屈膝，让溺水者呈俯卧的姿势，腰腹垫高，头向下，轻敲背部帮助其排出肺和胃里的积水。检查其呼吸、心跳，如果停止，应该马上进行人工呼吸和闭胸心脏按压，做好紧急抢救后马上将溺水者送往医院继续观察治疗。

借助救生圈求生

注意事项：

抢救溺水者时，不要因为控水而花费太多的时间，重要的是检查其心跳、呼吸，并立即对其进行人工呼吸和闭胸心脏按压；溺水者溺水后很容易并发肺水肿或肺部感染，做好紧急抢救后应马上将其送往医院继续做进一步的观察治疗。

洪水来临时、退去后的禁忌

切忌惊慌失措、大喊大叫；

切忌游泳逃生；

切忌接近或攀爬电线杆、高压线铁塔，以免触电；

切忌爬到泥坯房屋顶；

切忌喝洪水，以免染上某些疾病；

洪水退去以后，切忌徒步越过水流很急、水深过膝的小溪；

洪水退去以后，切忌乱服预防药物，应听从医生建议，

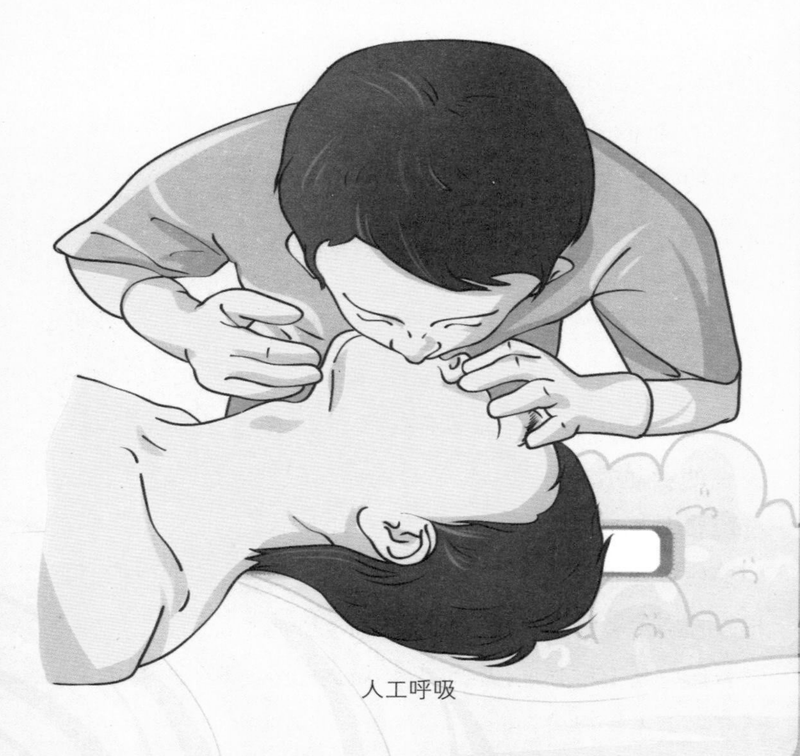

人工呼吸

并及时、积极地配合当地卫生防疫部门的要求，搞好自己和周围的环境卫生，以预防传染病及蚊蝇滋生。

四、灾后防疫

1 水灾时要注意饮食卫生

洪水发生时，人们忙于避险，疲惫不堪，体力消耗很大，体质也会下降，而洪水很容易造成各种污染，所以要非常注意饮食卫生。

不要食用被污水浸泡过或已经霉变、酸馊变质的食物。也不要食用由不洁粮食做成的食物。

不要食用洪水淹毙的牲畜及家禽。水中死亡的鱼虾贝类大多是因为中毒而死亡，所以也不要食用。

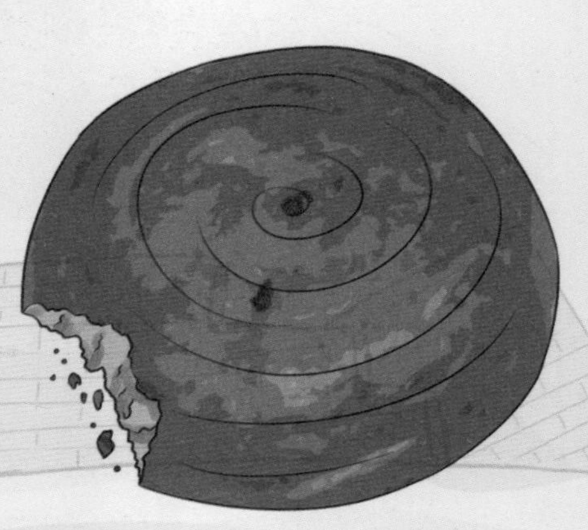
不要食用老鼠啃过的食品

不要食用虫蝇叮咬过的食品、老鼠啃过的食品，水灾中，这些虫蝇老鼠极易携带各种病菌。

通过药物喷洒等方法消灭虫蝇老鼠，制作防蝇罩，防止这些动物飞虫污染食品。

水灾后要注意饮水卫生

水灾中河流、湖泊、水库等地表水源都会遭受污染。地下水、未落地的雨水，尤其是新鲜的泉水，都是比较安全的水源，可以放心饮用。不过，饮用之前最好先烧开。水灾过后，我们该怎样注意饮用水的安全和卫生呢?

饮用水源处的杂草、淤泥及垃圾一定要清除干净，防止再次污染，必要时应安排专人看管饮用水源处，尽可能用水管将水直接接到居住地，减少污染途径和可能性。

地表水必须经沉淀消毒且煮沸后才能饮用。按比例在100 kg水中加12 g明矾，或加入1 ~ 2 g漂白粉，搅匀并沉淀后，可以起到消毒的功效。

未经任何处理的地表水也许已经被污染，一定不要直接饮用。

水灾后的防疫应急自救

加强公共卫生管理。及时清理居住地及周边的生活垃圾，妥善做好粪便处理，在周围喷洒石灰水或福尔马林等进行消毒。

注意个人卫生，勤洗澡，常换衣，多晾晒被褥，加强临时住所的通风换气。

发现疾病，马上治疗，需要时，配合卫生部门做好安全隔离工作，以避免在人群密集处大范围地互相传染。

灾害发生时，除了要克服各种不方便的环境影响，还要比平时更加注意卫生。

④ 水灾后的防疫工作

为保证饮水卫生，尽可能喝开水。

为保证饮食卫生，杜绝食用腐败变质和被污染的食物；杜绝食用淹死、病死的动物肉；杜绝食用生食；杜绝食用没有削皮或没有经过洗烫的瓜果；杜绝食用没有煮透或凉的食品。

为保证环境卫生，要及时组织群众快速清理浊水、污泥；对于水源、厨房和个人卫生，一定要一丝不苟；不把生活垃圾和粪便排入水中；腐烂的动物尸体要先进行焚烧，再深埋。

处理动物尸体

水灾后的疾病预防措施

水灾后必须预防的主要疾病有腹泻、疥疮、呼吸系统感染等。完善的社会保障和积极的个人预防，能够有效地防止和控制疾病的扩散、蔓延和传播。

灾后的疾病预防措施：

注意个人的饮食卫生，包括食物和饮用水，不食用被污染了的水和食物。

用消毒剂清洗所有可能被污染的地方，保持居住环境的清洁和通风。

保持个人卫生，勤洗澡，常换衣。

注意做好已患病病人的隔离工作。

不要让孩子、老弱者近距离地接触传染病患者，一定不要触摸和食用溺毙的动物。

第二章　泥石流

一、泥石流概述

泥石流是由岩屑、泥土、沙石、石块等松散固体物质和水组成的混合体，在重力作用下沿着坡面或沟床向下运动的过程。

很多人分不清泥石流和滑坡，经常把泥石流误认为是滑坡。泥石流和滑坡有相同之处，它们运动的能量都源于重

泥石流现象

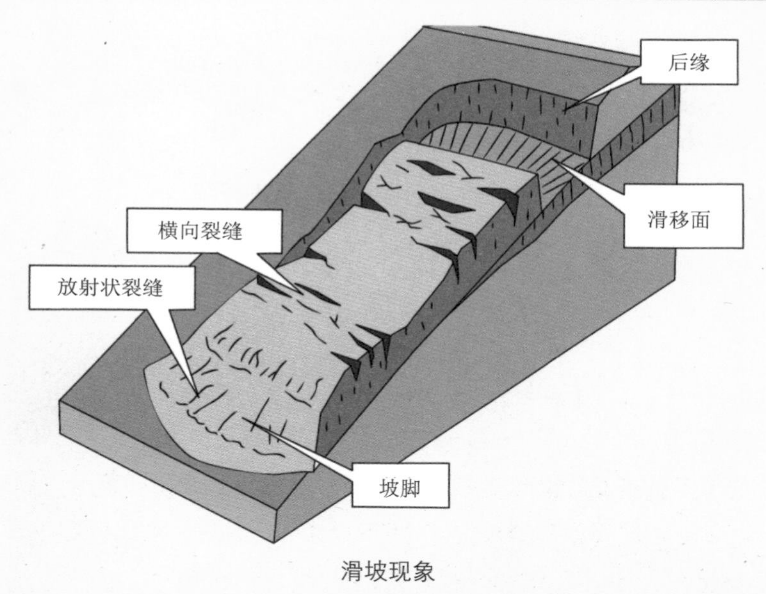

滑坡现象

力，但它们却是两种不同的自然灾害。泥石流是沿着沟床或坡面流动的，在流体和沟床或坡面之间存在着泥浆滑动面，但不存在山体中的破裂面，这是泥石流和滑坡最大的不同。

泥石流是介于滑坡与流水之间的一种地质作用。典型的泥石流是由悬浮着粗大固体碎屑物和富含黏土及沙石的黏稠泥浆组成。泥石流的形成需要适当的地形条件，当山坡中的固体堆积物质被大量的水体浸透，其稳定性就会降低，这些固体堆积物由于饱含水分，在自身重力的作用下就会发生运动，从而形成泥石流。泥石流的暴发总是突然的，来势凶猛且携带巨大的石块高速前进，其强大的能量会造成极大的破坏，因此，泥石流是一种灾害性的地表过程。

峡谷和地震、火山地区是泥石流的多发区，并且在暴雨

火山地区

期具有群发性。泥石流暴发时常伴随着其他现象，如浓烟腾空、山谷雷鸣、地面震动、巨石翻滚等，浑浊的泥石流沿着山涧峡谷冲出山外，在山口堆积。

泥石流给人们的生命财产安全带来严重的威胁，这是由泥石流的突发性、凶猛性、快速性以及冲击范围大、破坏力度强等特点所造成的。

影响泥石流形成的因素

地形、水源和松散固体物质是形成泥石流的必备条件。但是，影响泥石流形成的因素很多也很复杂，包括地形地貌、气候降雨、土层植被、水文条件、岩性构造等。

地形陡峭，山坡的坡度大于25°、沟床的坡度不小于14°的流域通常容易孕育泥石流灾害。巨大的相对高差使得地表物质处于不稳定状态，在降雨、地震、冰雪融化等一系列外力的作用下，容易发生向下滑动的现象，形成泥石流。

泥石流的形成所必需的固体物质，主要由泥石流流域的斜坡或沟床上大量的松散堆积物所构成。固体物质也是泥石流的主要成分之一，其主要来源有冰积物、坡积物，山体表面风化层和破碎层，崩塌、滑坡的堆积物以及人工工程的废弃物等。

水既是泥石流的重要组成部分，也是决定泥石流流动特性的关键因素。我国多数地区受东亚季风的影响，因此，引发泥石流最主要的水源是夏季的暴雨，其次是水库溃坝和冰雪融化等。

泥石流活动可分为以下3个过程：形成—输移—堆积。在形成区，由于水分的充分浸润，大量积聚的泥沙、岩屑、石块等物质会沿着斜坡开始形成土、石和水的混合流体。一个活跃的泥石流形成区是会发展变化的，能够从简单的单向发展成树枝状的多向。在输移区，泥石流在发展过程中相对稳定，且主要集中在坡度较缓的山谷地带出现。一般地形较为开阔的地区是堆积区，这里泥石流流速变慢，会出现堆积现象。由于流域

内来沙量的增多，堆积区会不断扩展、增大。在泥石流的下游则经常会出现堵塞或掩埋河道的现象，使原来的河道发生变形或改道。

泥石流的形成、发展和堆积过程，也是一次破坏和重新塑造地表的过程。

② 影响泥石流强度的因素

地形地貌、地质环境和水文气象3个方面的因素影响着泥石流活动的强度。比如滑坡、崩塌、岩堆群落地区，泥石流固体物质的补给源主要来自岩石破碎和深度的风化作用。在沟谷，由于其长度较大、纵向坡度较陡、汇水面积大等因素，为泥石流的流动提供了极为有利的条件。泥石流的水动力条件主要来自水文气象因素。泥石流的强度还和暴雨的强度有关系，通常情况下，在短时间内出现的大强度暴雨容易形成泥石流。

③ 泥石流形成的必备条件

泥石流是泥、沙、石块与水体组合在一起并沿一定的沟床运（流）动的流动体，其形成需要具备以下条件。

（1）水体。

暴雨、水库溃决、冰雪融化等是水体的主要来源。

（2）固体碎屑物。

滑坡、山体崩塌、水土流失、岩石表层剥落、古老泥石流的堆积物及滥伐山林、开矿筑路等人类活动形成的碎屑物，都是固体碎屑物的来源。

（3）一定的斜坡地形和沟谷。

形成泥石流的地形条件是自然界经长期地质构造运动形成的高差大、坡度陡的坡谷地形。

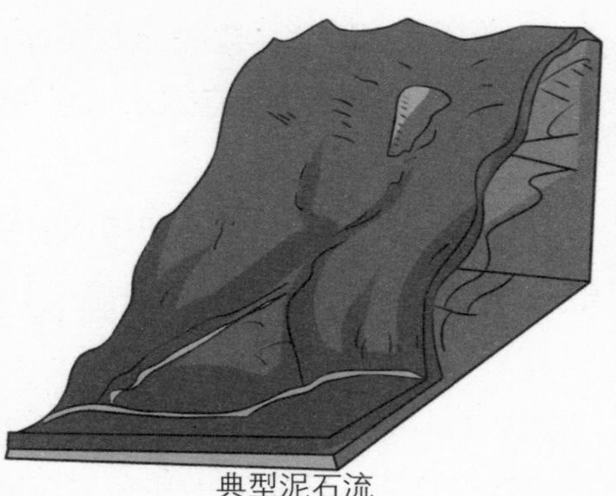
典型泥石流

当以上3个条件具备了，泥石流就会形成，但它又是如何暴发的呢？通常有以下3种形式。

在暴雨的浸润、击打下，山坡坡面土层的土体渐渐失稳，沿斜坡下滑的同时与水体混合，于是，侵蚀下切，形成悬挂于陡坡上的坡面泥石流。北京山区农民常常将其命名为“水鼓”“龙扒掌”。

沟谷中上段的沟床物质受地表水浸润冲蚀，随着冲蚀强度的不断加大，某些薄弱的沟段里的石块等固体物就会松动、失稳，然后遭到猛烈的掀揭、铲刮，与水流搅拌形成泥石流。

沟源崩、滑坡土体触发沟床物质活动也能引发泥石流。沟源崩、滑坡土体发生溃决，沟床固体碎屑物受到强烈的冲击并随之运动会引发泥石流。

在泥石流发生的3个必备条件中，水是最重要的因素。它既决定了“水鼓”“龙扒掌”的形成与否，又对沟谷中形成的泥石流有着重要影响。最常见的情况是泥石流的产生过程是以上 2 种情况的组合，在山坡上面发生滑落，在沟谷下面发生

冲蚀。连续的暴雨是造成泥石流的自然原因，而乱砍滥伐森林，导致山体表面水土流失严重，则是造成泥石流灾难的人为原因。

二、从不同的角度看泥石流

1 泥石流是一种地质灾害类型

崩塌、滑坡泥石流都属于地质灾害。2000年4月2日，我国在纪念世界地球日的座谈会上表示，地质灾害造成的损失占自然灾害造成的损失的1/4 ~ 1/5。仅2011年全国就发生地质灾害15 664起，其中滑坡11 490起、崩塌2319起、泥石流1380起、地面塌陷360起、地裂缝86起、地面沉降29起；造成人员伤亡的地质灾害119起，其中245人死亡、32人失踪、138人受伤，直接经济损失40.1亿元。所以，对泥石流的研究，尤其是对灾害的调查和评估，既要考虑到国家的统一标准，也要对比崩塌、滑坡灾害。其中，泥石流是上述地质灾害中地域分布较广的一种类型（分布面积约1×10^{12} m^2），此外，它还具有暴发频繁、危害性大、成灾率高的特点。

2 泥石流是一种地质过程

泥石流沉积是沉积相的重要组成部分。与一般的外力地质过程相比，泥石流的速度要快得多。有研究指出，在第四纪时期，我国云南小江流域泥石流曾出现过3个强盛期。云南东川大桥河两岸均有明显的古泥石流沉积出露现象。

3 泥石流是一种地貌过程

泥石流是一种重要的、可以在短时间内产生大冲大淤的地貌外营力，加快了局部侵蚀的堆积过程。比如云南小江河谷一带的支沟下切形成的泥石流阶地，以及在沟口沉积而形成的相互交错的泥石流堆积扇，都是这一地貌过程的暂时形态。

泥石流堆积扇

4 泥石流是严重水土流失的产物

整个流域内都有由水流引起的土壤侵蚀，且贯穿于径流产生的全过程，汇流过程中总会产生水土的流失，和流域大小无关。泥石流的动力作用并不相同，且流失强度的数量级差非常大。一场泥石流从发生到结束所需要的时间不过数分钟，多则十多分钟或几十个小时，但是却能够输移总量成千上万立

方米的固体物质，有时甚至会输移几十万或几百万立方米的物质。

5 泥石流是一种多相非均质流体

泥石流的固相物质的体积浓度可达78%，流体中含有粒径相差悬殊的各种固体颗粒，小到0.001 mm的胶粒、黏粒，大到漂砾、砾石，因此它有非常高的密度。泥石流固体颗粒的差异性，尤其是流体中含有多少粒径在0.005 mm以下的细粒物质，都极大地影响到流体性质。流体运动机理的研究已经成为现在最热门的话题，泥石流体的性质到底属于哪种物理模型，各国学者有着不同的看法。

三、遭遇泥石流的逃生方法

泥石流一般是由山区沟谷中的暴雨、冰雪融水等导致的。因为水源大量增加，激发了山洪的暴发，洪水在下泄时，卷带了大量的固体物质和泥沙，从而形成泥石流。泥石流的威力大大强于洪水，来势凶猛，常常给人们的生命财产造成重大的危害。

下面介绍几点预防泥石流及逃生的方法。

山谷常成为泥石流下泻的路径，所以若在山谷中遭遇大雨，一定不要在谷底停留过长时间，要迅速转移到安全的高地。

在山区、半山区旅行时，如听到异常的响声，看到有石头、泥块频频飞落，表示附近可能有泥石流袭来，如果声音已

经很大，且越来越大，泥块、石头等明显在附近飞落，则证明泥石流距离已经很近，这个时候不要贪图财物，应立即丢弃随身重物尽快逃生。

逃生时要向泥石流卷来方向的两侧（横向）跑。

泥石流所占的横向面积一般不会很宽，要注意观察地形，向未发生泥石流的高处逃避。

在山区扎营时，选好位置，不要在谷地和排洪通道处扎营，河道弯曲汇合处也不是安全的地点，一定要选择平整的高地作为营地，避开有滚石和大量堆积物的山坡。

经过泥石流多发地段时，不但要注意观察，还要收听当地的有关预报加以防范。

如发生泥石流时，情况很危急，可向树林密集的地方逃生。这是由于树木是有效的生物屏障，可以减缓泥石流的滚落速度，减少危害。来不及奔跑时要就地抱住树木。

有谚语说：“人为财死，鸟为食亡。”如遇到危险千万

鸟为食亡

不要“爱财不要命”，若在房屋内不要执着于细软，若在户外不要舍不得丢弃随身重物，性命比什么都重要，别忘记还有句谚语“留得青山在，不怕没柴烧”。一切财富都可以再创造，如果命没有了，再多的财富又有什么用呢？

有可能的话，逃出时可以多带些衣物和食品。因为一旦灾难发生，通信和交通都有可能处于瘫痪状态，使救援工作陷于困境。泥石流过后的天气往往很阴冷，饥饿和寒冷也会危及生命安全。

泥石流发生后，并不意味着灾难和危险已过，前面我们提到过有些泥石流具有间歇性特点，所以要在确认泥石流完全结束后才能返回。经过刚刚发生过泥石流的地区时，也要特别当心，不仅要注意两旁的堆积物和滚落物，还要注意观察周围环境，最好是绕道找一条安全的路线。

如果旅游者在旅游时遭遇泥石流，且身处汽车或者火车等交通工具上，应果断放弃交通工具逃生。虽然一些交通工具会形成一个保护空间，但是被泥石流掩埋时，很可能使车内的人窒息而死。

四、适合躲避泥石流的地方

所谓水往低处流，故而千万不要顺着水流方向跑，高处才是安全的。

若是有可能的话，尽量躲避到离泥石流发生地较远的地方，因为越远越安全。

若是来不及跑那么远，应选择河谷两岸的山坡高处，注

意不要选择土质松软的地带。

泥石流的流径一般不会太宽，若是确认河床两岸土质较为牢固，河床两岸的高处地段也不失为一个好的避难地。

五、灾后食物不足，水源污染了怎么办

泥石流携带着大量的固体物质和泥沙，很容易将附近的水源污染，这个时候千万不要饮用被污染的水。最好是用山上的野果来充饥、解渴。

要注意的是，食物不足时，要有计划地适量进食，以维持生命，等待救援。不能坐以待毙，若食物短缺，要坚定信念，可以一边寻找山果等充饥，一边等待政府救援物资。

水源被污染后，不要饮用其中的水，以免中毒，对身体造成更大的伤害，可以收集雨水饮用。

野果

六、泥石流过后的救援与防疫工作

当遭到泥石流袭击，并且出现灾情后，应该第一时间组织人员对伤员进行抢救，同时进行水、电、交通线路的抢修，以确保救灾工作的顺利展开与进行。河（沟）经泥石流的袭击之后，遭到的破坏是毁灭性的，不仅原河（沟）床会被冲淤得难以辨认，穿越或沿河（沟）谷的道路也会被泥石流破坏得面目全非，沿途漂砾、泥沙到处都是，极易给行人带来伤害，因此，救灾抢险时应注意避免发生各种意外。

消毒液

泥石流发生时常摧毁并淹没沿途的房屋、牲畜及杂物、污物，所以泥石流结束之后应对必要的地段进行清理、消毒或隔离，防止流行病的产生和传播，做好卫生防疫工作。

第三章 地 震

地震是地壳的天然运动。它同暴雨、雷电、台风、洪水等一样，是一种自然现象。

全世界每年发生地震约500万次，其中，能被人们清楚感觉到的就有5万多次，能产生破坏的5级以上地震约1000次，而7级以上有可能造成巨大灾害的地震有10多次。

暴雨现象

雷电现象

一、地震概述

1 地震的相关概念

地震是一种快速而又剧烈的地壳运动。了解地震之前，

我们首先要了解有关地震的几个概念。

（1）震源。

地震现象

震源是指地震波发源的地方。

（2）震中。

震中是指震源在地面上的垂直投影。

（3）震中区（极震区）。

震中区是指震中及其附近的地方。

（4）震中距。

震中距是指震中到地面上任意一点的距离。

（5）地方震。

地方震是指震中距小于或等于100 km的地震。

（6）近震。

近震是指震中距在100～1000 km的地震。

（7）远震。

远震是指震中距在1000 km以上的地震。

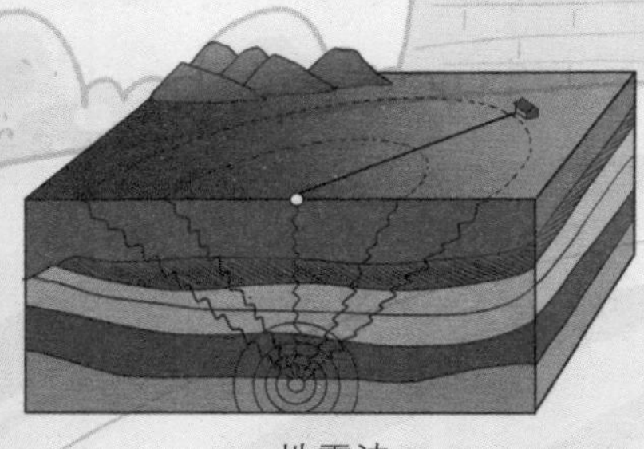

地震波

（8）地震波。

地震波是指在发生地震时，地球内部出现的弹性波。地震波分为体波和面波两大类。体波在地球内部传播，面波则沿地面或界面传播。按介质质点的振动方向与波的传播方向的关系划分，体波又分为横波和纵波。

我们把振动方向与传播方向一致的波称为纵波（也称P波）。纵波的传播速度非常快，每秒钟可以传播5～6km，会引起地面的上下跳动。振动方向与传播方向垂直的波称为横波（也称S波）。横波传播速度比较慢，每秒钟传播3～4km，会引起地面水平晃动。因此地震时，地面总是先上下跳动，后水平晃动。由于纵波衰减快，所以，离震中较远的地方一般只能感到地面的水平晃动。在地震发生的时候，造成建筑物严重破坏的主要因素是横波。因为，纵波在地球内部的传播速度大于横波，所以，地震时纵波总是先到达地表，一段时间之后横波才能到达，两者之间有一个时间间隔，不过相隔时间比较短。我们可以根据间隔长短判断震中的远近，用每秒8 km乘以间隔时间就能估算出震中距离。这一点对我们非常重要，地震来临时纵波会先给我们一个警示，提醒我们破坏力巨大的横波马上要到了，应该立刻防范。

2 地震的形成原因

鸡蛋分为蛋黄、蛋清和蛋壳 3 部分。地球的结构就像鸡蛋一样，也分为 3 层，中心层是“蛋黄”——地核，中间层是“蛋清”——地幔，外层是“蛋壳”——地壳。地震一般发生在地壳层。地球每时每刻都在进行自转和公转，地壳内部也在不停地发生变化，由此而产生力的作用，使地壳岩层变形、断裂、错动，于是便发生了地震。

2008年5月12日，我国四川汶川地震就是典型的浅源地

震，其震源深度仅为20 km。在纵波和横波的共同作用下，造成了严重的破坏，一瞬间房屋倒塌、山体滑坡，伤亡无数。

2010年4月14日，我国青海省玉树县（现玉树市）发生特大浅源地震，震级7.1级，震中位于县城附近，震源深度为6 km。截至2010年4月25日，此次地震造成2220人死亡，受灾面积达3.6×10^{10} m^2。

③ 地震的深浅

地震按照震源深度的不同，可以划分为 3 种：浅源地震、中源地震和深源地震。

浅源地震（正常深度地震）是指震源深度小于60 km的地震。世界上大多数地震都是浅源地震，我国绝大多数地震也属于浅源地震。

中源地震是指震源深度为60 ~ 300 km的地震。

深源地震是指震源深度大于300 km的地震。目前世界上有记录的最深地震震源深度为786 km。同样大小的地震，震源越浅，所造成的破坏越严重。

二、临震时的常见预兆

① 预兆一

临震时的常见预兆之一：地光。

由于地震活动而产生的发光现象称为地光。地光有以下几种形状。

条状闪光：类似电线走火或者雷电的闪光。

带状光：有闪状不稳定的，也有稳定的。

球状光：火球状的地光。

片状闪光：成片的闪光。

柱状光：自下而上呈烟火状、火把状的地光。

火状光：像冲天大火一样的地光。

地光的颜色有很多种，但主要以蓝、红、白、黄为主。

在大地震中，人们在夜晚会看到地光，开始是红光闪烁，其形状有球状、柱状、片状或是一条光带，将万物照得如同白昼一样。当红光逐渐变成蓝白光，几分钟后大地震就来临了。

临震时的地光

有时候地光出现时还伴有低沉的“轰轰”声或“呜呜”声。产生这种现象是由于地震即将来临时，地下深处岩石受力变形产生了很多小裂缝，岩石中的可燃物质氖、氩、氦、氙等气体从地下溢出，造成电磁异常，从而形成地光。

② 预兆二

临震时的常见预兆之二：地声。

地声多数在临震前几分钟内出现。一般情况下，声音越大，地震越大；声音越小，地震也就越小。当听到地声时，地震可能马上就要来临，所以，可以把地声看作是地震来临前大自然的警报。

③ 预兆三

临震时的常见预兆之三：植物不合时令地开花。

有的植物提前或者在冬天就发芽、开花，有的植物会大面积枯萎死亡或者异常繁茂，等等。

经科学家研究发现，地震来临前，含羞草会有反常现象，白天它的叶子是紧闭着的，夜晚的时候叶子半张半开。当地震发生的时候，含羞草叶子全部张开。日本科学家经过18年的研究确认，含羞草叶子出现异常的张开、关闭状态是地震的前兆。不过，并不是含羞草叶子出现异常状态之后都会发生地震，因为出现异常的原因很复杂，所以不能轻易下结论，还要结合其他地震前兆进一步研究确认。不过地震前有些植物会产生异常现象，这是毋庸置疑的。

如果发现了异常的自然现象，要向政府或者地震部门报

告情况，让专业人员调查核实，弄清楚事情的真相。不要惊慌失措，更不要轻易做出发生地震的结论，避免造成不必要的恐慌。

临震时的常见预兆之四：收音机失灵、日光灯自明。

地震来临前会出现地磁异常。最常见的地磁异常会造成收音机失灵，除此之外，还有很多机电设备不能正常工作，如无线电站受干扰、电子闹钟失灵、微波站异常等。

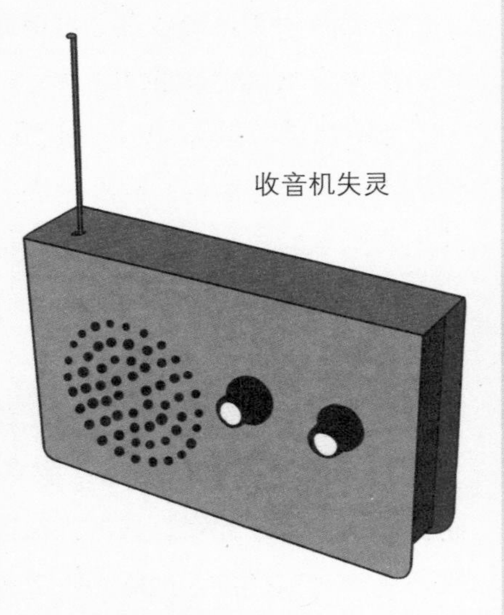
收音机失灵

在1976年河北唐山大地震的前几天，唐山及其周围地区很多收音机失灵，调频不准，信号时有时无，声音忽大忽小，有时还会出现连续噪声。有人还看到关闭的日光灯在夜间先发红，然后亮起来了。据说，北京也出现了人在睡觉前关闭了日光灯，但日光灯仍然亮着的现象。

三、地震中的自救

中国是世界上自然灾害最严重的国家之一，地震占全球地震总量的1/10以上，发生的强度和频度居世界之首。

在中国历史上，有记载的地震就有8000多次，其中6级以上的地震有1000多次。自20世纪初至今，中国因地震死亡的人数占全世界的比例高达50%。

虽然地震属于天灾，是由于自然因素引起的突发事件，但也不是不可防御的。只要我们掌握一定的急救知识，就可以在地震到来时自我保护、自我救助。与地震危害相比，无知才是最大的灾难。

1 震前自救

在地震发生前，地光、地声和地面的微动往往在强震前十几秒就出现于地表，告诉人们大地震即将来临，这些临震异常现象为人们提供了最后一次自救机会。地壳内部喷溢出的气体，强化低空静电场形成地光。地光的形状有片状、带状、柱状、球状，颜色以白、蓝、黄、红居多。78%的地声出现在震前10 min之内，在临震前10余秒响声最大。根据震区群众反映，临震前最先听到“呼呼”的风吼声，然后是“轰轰”声，接着就是“咚咚”的闷雷声，之后地面就开始振动。地面微动可能是由于临震前震源区断层预滑造成应力波所致。

历次大震的幸存者中，有很多人就是观察到这些临震异常现象，判断有大震来临，从而迅速采取避险措施，才躲过灾难的。例如，海城地震来临前，31次快车在19点36分整运行到震中区唐王山车站前，火车司机看到车头前方从地面至天空出现大面积蓝白色闪光。这位司机懂得地震常识，知道这是地光，判断地震即将来临。于是他沉着、果断地开始缓慢减速，在减速过程中，19点36分07秒地震发生了。由于司机提前减速，列车安全停了下来。

对唐山地震部分幸存者进行调查的结果表明，地震来临前有很多人觉察到了地光、地声和地面微动，但只有5%的人判断出地震即将来临，迅速逃离建筑物，保全了性命；而大多数人并没有判断出地震即将来临，行动迟缓，失掉了最后的逃生机会。

上述的事例告诉我们，一定要吸取教训，掌握地震常识，普及自救知识，发现异常现象，迅速采取措施避险，最大限度地减少地震伤亡。

2 震时不要盲目逃生

很多震灾事实表明，地震发生时在房间内避险比盲目外逃更安全。一般情况下，破坏性地震发生的瞬间，也就是从地震来临到房屋、建筑物倒塌这一过程只有十几秒钟，在这生

在房间内避险比盲目外逃更安全

死关头，一定要保持清醒的头脑，沉着、冷静，千万不要慌乱，更不能没有目标地到处乱跑。

③ 地震时镇静自若地逃生

虽然目前人类还不能完全避免和控制地震，但是只要掌握自救与互救技能，就能把地震灾害降到最低限度。就地震逃生自救而言，可以总结为以下几点。

（1）保持镇静。

在地震中，有人观察到，不少无辜者并不是因房屋倒塌而被挤压或砸伤致死，而是由于精神崩溃，失去生存的希望，乱叫、乱喊，在极度恐惧中自己“扼杀”了自己。乱喊、乱叫会增加氧的消耗，加速身体的新陈代谢，使耐受力降低，体力下降；同时，大叫大喊会使人吸入大量烟尘，易造成窒息，增加不必要的伤亡。正确态度是无论环境多么恶劣，都要保持镇静，分析自己所处的环境，寻找出路，等待救援人员的到来。

（2）止血、固定。

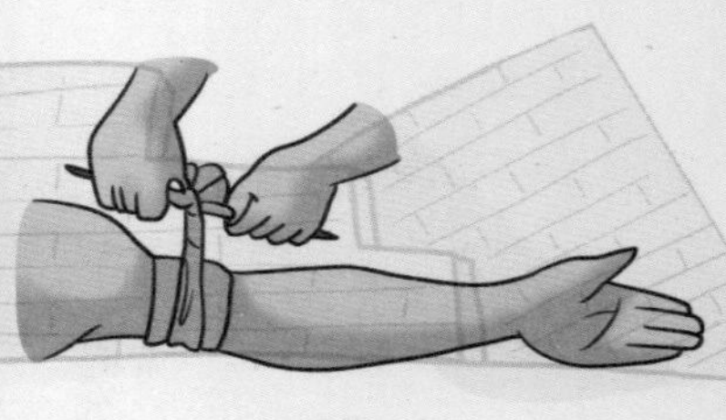

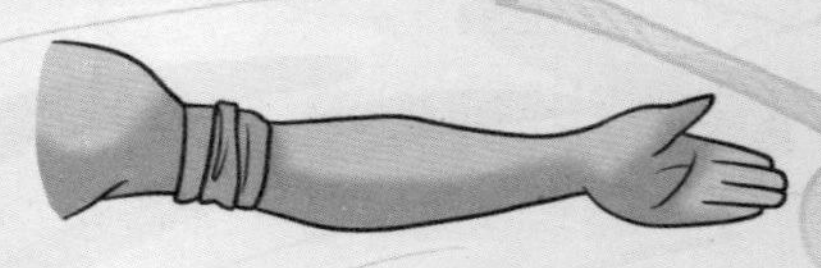

止血固定的方法

挤压伤和砸伤是地震中常见的伤害。开放性创伤出血要首先止血，抬高受伤部位，同时不停地呼救。一般情况下，开放性骨折要用清洁纱布覆盖创面，做简单固定后再进行运转。不要做现场复位，以防组织再度受伤。要按不同要求对不同部位的骨折进行固定，还要参照不同伤情和伤势进行分级、分类，送医院进一步处理。

（3）妥善处理伤口。

处理挤压伤时，要设法尽快解除重压。对于大面积创伤者，要保持创面清洁并用干净纱布包扎创面。如果怀疑有破伤风感染，应立即与医院联系，及时诊断和治疗。对大面积创伤和严重创伤者，为预防休克，需要口服糖盐水。

（4）防止火灾。

地震常常会引起多种次生灾害，火灾是常见的一种。在大火中应尽快脱离火灾现场，可以用湿衣服盖在身上冲出火海，或脱下燃烧的衣帽，或卧地打滚，也可用水直接浇泼灭火。但千万不要用双手扑打火苗，这样做可能烧伤双手。如果被烧伤，要立即用清洁布料或消毒纱布包扎后送医院进一步处理。

避灾自救口诀如下：

大震来时有预兆，地声地光地颤摇，
虽然短短几十秒，做出判断最重要。
高层楼房往下撤，电梯千万不可搭，
万一电路中断了，闷在梯内出不来。
平房避震有讲究，是跑是留两可求，
因地制宜做决断，错过时机诸事休。
次生灾害危害大，需要尽量预防它，
电源燃气是隐患，震时及时关上闸。
强震颠簸站立难，就近躲避最明见，
床下桌下小开间，伏而待定等救援。
震时火灾易发生，伏在地上要镇静，

沾湿毛巾口鼻捂，弯腰匍匐逆风行。

震时开车太可怕，感觉有震快停下，

赶紧就地来躲避，千万别在高桥下。

震后别急往家跑，余震发生不可少，

万一赶上强余震，加重伤害受不了。

4 地震时逃生常犯的错误

地震时逃生必须采用正确、科学的方法，逃生过程中的一点小错误都有可能使人丢掉性命。下面列出了地震逃生过程中的9大危险举动，一定要牢记在心，一定要杜绝。

第一，地震来临时，如果你正在屋内，试图冲出房屋是非常危险的举动，伤亡的可能性非常大。最好的办法是躲在坚固的桌子或床下；如果屋内没有结实的家具，那就站在门口，因为门框会起到一定的保护作用。不要靠近窗户，因为窗玻璃可能会被震碎而伤人。

第二，如果在室外，靠近电线杆、楼房、树木或其他任何可能倒塌的高大建筑物都是危险的举动。应跑到空地上，尽可能远离高大建筑物。最好趴在地上，防止失衡时遇到危险。

第三，躲在地下通道、隧道或地窖内是危险的。除非它们非常坚固，否则它们会被震塌，即使没有被震塌，地震产生的瓦砾碎石也会填满这些地方或堵塞其出口。

第四，地震来临时，关闭门和窗都是非常危险的。木质结构的房子容易倾斜，导致房门打不开。所以，不管是冲出去还是待在室内，都要打开房门。

第五，大地震发生时，忘记保护身体逃生是危险的。书架上的书及隔板上的东西等可能往下掉，这时千万要记住保护头部。在十分紧急的情况下，可以利用身边的枕头、毛毯、棉坐垫等物盖住头部，以免被掉下的物体砸伤头部。

第六，如果夏天发生地震，裸体逃出房间十分危险。赤裸的身体容易被四处飞溅的玻璃、火星及金属碎片伤害。因此，避难时要穿棉质的鞋袜和尽可能厚的棉衣，不要穿戴易着火的化纤类衣物。

第七，地震来临时，在路上奔跑是很危险的。这时到处都是飞泻而下的门窗、招牌等物品，因此，此时最好找个相对安全的地方躲起来，如果有必要奔跑时，最好能戴上一顶安全帽之类的东西。

第八，地震来临时，躲避于桥下或停留于桥上均是非常危险的。大桥有时候会被震塌，使桥上的人坠落河中，因此，如在桥上遇到地震，就应设法迅速离开桥梁。

第九，地震来临时，靠近海边是非常危险的。地震有时会引发海啸，海啸掀起的海浪会急剧升高，人在海岸边会很危险。这时候安全的做法是迅速离开沙滩，远离浪高的海面。

5 地震时的安全三角区

当地震来临时，提倡躲在桌下、桌旁或小开间房里，因为人们可利用塌落物与支撑物形成的安全三角区来庇护。以桌子为例，如果塌落物与桌子形成安全三角区，那么桌旁与桌下的空间都是安全三角区的一部分。但桌旁和桌下形成安全三角区是有条件的，即支撑物必须坚固，如果桌子被砸塌，那以桌子作为支撑物的安全三角区也就不存在了，同时桌下和桌旁的安全空间也就不存在了。如果真有大块物体砸垮桌子，不光躲在下面的人不能幸免，就连躲在旁边的人恐怕也要遇难。因此，躲在桌旁比躲在桌下更安全的说法不成立。相反，躲在桌下比躲在桌旁更能防止较轻或小块坠落物的伤害。

另外，地震发生的概率很小，即使在地震多发区，人的

地震时安全三角区

一生遇到地震的次数也是很有限的。从直下型地震（震源位置所在地发生的地震）与受周边地震波及的可能性、大地震与小地震的数量比例关系等因素考虑，在有限次数的地震中，发

生一般性破坏地震的概率远大于毁灭性地震的概率。因此，多数情况下，在防止小坠落物伤害方面，桌下比桌旁要安全得多。

一般性的工业和民用建筑做到“小震不坏，中震可修，大震不倒”是我国抗震设防的目标，随着国家减灾战略的实施和经济实力的提高，我国越来越接近这个目标。如果各地建筑物都能达到这个目标，万一发生毁灭性的地震，即使房屋被破坏得很严重，也不会倒塌，这样就会大大减轻房倒屋塌对人生命的威胁。这时候，防止小块坠落物对人造成的伤害就成为关键。很显然，此时躲在桌下要比躲在桌旁安全很多。

因此，地震发生时，桌下和桌旁都可以躲，但多数情况下，桌下可能更安全些。

地震发生时还应当保持清醒的头脑，沉着、冷静，以便迅速避险。从大地震的相关资料看，有些人之所以能够在被埋没的瓦砾中生存下来，首先，他们没有受到致命的伤害；其次，他们总是试着寻找通气口，然后找到出口，最终迅速脱离倒塌的房屋废墟；此外，在没有听到寻呼声及挖掘声时，不做无谓的翻滚折腾或大呼大叫。

地震后余震还可能会不断发生，周围的环境有可能会进一步恶化，因此，要尽量改善自己所处的环境，设法脱险。设法避开身体上方不结实的悬挂物、倒塌物或其他危险物。搬开身边可移动的碎砖瓦砾等杂物，从而扩大活动空间。应该注意的是，如果搬不动，千万不要勉强，设法用木棍、砖石等支撑残垣断壁，以防余震时再次被埋压。不要随便动用室内设施，包括水源、电源等，也不要使用明火。感觉灰尘太大或闻到煤气味及有毒异味时，设法用湿衣物捂住口鼻。保持体力，不要乱叫，用敲击声求救。

6 地震中的避险技巧

抗灾救险时，最佳的防范手段是未雨绸缪。虽然地震只发生在少数地区，但对每一位青少年来说，学会正确的防震应急知识是非常必要的。

（1）就近躲避，切勿乱跑。

地震发生时是跑还是躲？多数专家认为，应急避震较好的办法是地震时就近躲避，地震后迅速撤离到安全地方。避震应选择室内能掩护身体的、结实的物体下（旁），以及开间小、有支撑且易于形成三角空间的地方，或室外开阔、安全的地方。

避险

（2）正确的避震姿势。

地震发生时采取正确的避震姿势非常重要，可以减少伤亡。正确的避震姿势是蹲位、护头。自救还要掌握一定的要领，自救的要领如下：

迅速趴在地上，让身体的重心降到最低。让脸部朝下，并保持鼻、口顺畅地呼吸。或者坐下或蹲下，使身体尽量弯曲。抓住身旁牢固的物体，避免地震来临时身体滑到危险的地方。绝对不要站立不动，更不要仰躺在地。用坐垫、枕头、毛衣外套等遮住自己的头部、面部、颈部，掩住口鼻和耳朵，防止泥沙和灰尘灌入。

正确的避震姿势

避开人流，不要乱挤乱拥，以免造成摔倒、踩踏事故，增加不必要的伤亡。

因为空气中可能有易燃、易爆气体，所以不要随便点明火，以免引发爆炸。

（3）保护好身体重要部位。

在地震中保护好身体的重要部位会增加生存概率。怎样才能保护好身体重要部位呢？可采用如下方法：

低头，用手护住后颈部和头部。将身边的物品，如被褥、枕头等顶在头上，保护头颈部。

闭眼、低头，防止塌落的物件伤害眼睛。

千万记住不能只顾避震而疏忽了对身体重要部位的保护。

（4）捂住口、鼻防止烟尘窒息。

捂住口、鼻是地震发生时一个非常重要的防尘措施，可用毛巾、衣服等裹住头部。若没有保护口、鼻，会吸入大量灰尘和有害的气体，使人感到呛闷。为此，需要采取以下措施：

有条件的可用手帕、湿毛巾等捂住口、鼻，以免吸入烟尘，呛伤自己。

如果有灰尘不断坠落下来，可用衣服等包裹住头部，防止灰尘侵害五官。

千万不要奋力呼喊，因为呼喊会使人吸入大量烟尘，最终导致窒息死亡。

更不要盲目乱拆、乱翻，使烟尘加重。

7 避震原则——三要三不要

（1）要因地制宜，不要墨守成规。

地震来临时，每个人所处的状况都不一样，可以说是千差万别，避震方式不可能千篇一律。例如，是在室内避震还是跑出室外，就要根据客观条件而定：住楼房还是平房，地震发生在晚上还是白天，室内有没有避震空间，室外是否安全，房子是不是坚固等。

（2）要行动果断，不要犹豫不决。

避震能否成功，只有十几秒到几十秒的时间给你考虑和行动，容不得你犹豫不决、瞻前顾后。有的人本来已经跑出了

危房，但是又转身回去救人，结果不但人没救成，自己也被压在废墟下。想到别人是对的，帮助别人也是应该的，可是他们忘记了一点，只有保护好自己，才有可能救出别人。

（3）要听从指挥，不要擅自行动。

前面已讲过这方面的例子。盲目避震，擅自行动，只会导致更大的不幸。

8 地震自救四大法宝

遭遇地震时，我们该怎样进行自救？地震学专家给大家介绍了以下 4 种自救方法，这些方法是自救的法宝，一定要牢牢记住。

（1）大地震时不要忙中出错。

破坏性地震来临时，从感觉到振动到建筑物被破坏平均只有10余秒的时间，在这短短的10余秒，我们一定要沉着、冷静，千万不要慌乱，保持清醒的头脑，根据所处环境立即做出保障安全的抉择。

如果住的是平房，你可以迅速跑到门外。

如果住的是楼房，千万不要慌乱跳楼，应立即关掉煤气、切断电闸，暂避到坚固的桌子、床铺下面或是洗手间等跨度小的地方，地震过后，要迅速撤离，防止发生强烈余震。

（2）人多先找藏身处。

发生地震时，如果正在学校、影剧院、商店等人群聚集的场所，千万不要慌乱，应该立即躲在椅子、桌子或坚固物品下面，等地震过后再有序地撤离。现场工作人员必须冷静地指挥人们就地避震，绝对不能带头乱跑。

（3）远离危险区。

远离危险区

如果发生地震时正在街道上，应立刻用手护住头部，迅速远离楼房，跑到街心地带。

如在郊外，要注意远离陡坡、山崖、河岸及高压线等。

正在行驶的火车和汽车要立即减速停车。

（4）被埋后要保存自己的体力。

假如震后不幸被埋压在废墟中，要尽量保持冷静，设法自救。

实在无法脱险时，要保存体力，尽力寻找食物和水，努力创造生存条件，耐心等待救援人员的到来。

四、地震中的互救

1 震后互救的重要性及要点

地震后，外界救灾队伍不能在很短的时间内赶到受灾现场，在这种情况下，灾区群众应积极投入互救，让更多被埋压在废墟下的人员获得宝贵的生命，这是减轻人员伤亡最有效、最及时的办法。抢救得越早、越及时，人员获救的希望就越大。据有关资料显示，在地震发生后20 min内获救的人，

救活率大于98%；在1 h内获救的人，救活率为63%；震后2 h还无法获救的人员中，有58%是窒息死亡。在1976年唐山大地震中，几十万人被埋压在废墟中。灾区群众通过自救、互救，使大部分被埋压人员保住了珍贵的生命。灾区群众参与互救在整个抗震救灾中起到的作用是无可替代的。

积极投入互救

救助时，应根据“先易后难”的原则，先抢救建筑物边缘瓦砾中的幸存者、附近的埋压者以及学校、医院、旅馆等人员密集、容易施救处的幸存者。

救助时，注意听被困人员的呻吟、呼喊或敲击声，根据房屋结构，确定被埋人员的准确位置，制订抢救方案，不能破坏埋压人员所处空间周围的支撑条件，避免引起塌方，使被埋压人员再次遇险。

抢救被埋人员时，应先使其头部暴露出来，尽快让新鲜空气流入被困者的封闭空间。不可用利器挖刨；挖刨中如果尘土太大，要喷水降尘，避免造成被埋压者窒息。

对于埋在废墟中时间较长的幸存者，应先向其供给食品和饮料；埋压过久者被救出后不要过急进食，也不应急于暴露眼部。

对抢救出的危重伤员，应迅速送往医院或医疗点，不要安置在废墟中或破损的建筑物中，以防余震再次对其造成伤害。

抢救出来的轻伤幸存者可迅速加入互救队伍，更合理地展开救助活动。

震后互救

2 震后救援遵循的原则

震后救人，首先要做到及时、快捷，迅速壮大救人的队伍，让更多的人获救。在救人时应遵循以下原则：

（1）先救近处的人。

不论是邻居、家人还是萍水相逢的路人，只要近处有人被埋压就要先救他们。相反，舍近求远，往往会错失救人的良机，造成不应该发生的损失。

先救近处的人

（2）先救青壮年。

青壮年可以迅速在救灾中发挥作用。

（3）先救容易救的人。

这样可加快救人速度，尽快扩大救人队伍。

（4）先救“生”，后救“人”。

每救一个人，只要先把这个人的头部露出，能够呼吸就可以，然后马上去救别人，这样可在很短的时间内救几十个人。

3 震后救人的步骤

震后救人，条件、环境十分复杂，因此要因地制宜，根据具体情况采取相应的办法，关键是保障被救者的安全。这里给出救人的一般步骤、程序、方法以及应注意的事项。

（1）定位。

根据求救声、呼喊声寻找被埋压人员，判定被埋压人员的位置。根据现场具体情况，采用多种办法和方式分析被埋压人员可能所处的位置。

（2）扒挖。

扒挖时要注意幸存者的安全。当接近被埋压者时，不要使用利器刨挖，以防利器伤及被埋压者。扒挖时要特别注意分清哪些是一般的埋压物，哪些是支撑物，不可破坏原有的支撑条件，以免造成塌方，对被埋压者造成新的伤害。扒挖过程中应尽早使封闭空间与外界沟通，让新鲜空气注入，以供被埋压者呼吸。

（3）施救。

一定要保证幸存者的呼吸。首先将被埋压者的头部暴露出来，然后将被埋压者口、鼻内的尘土清除，再使其胸腹和身体其他部位露出。对于不能自己出来的被埋压者，要先暴露其全身，然后抬救出来，千万不能生拉硬拽。

（4）护理。

救出被埋压者以后要给予其必要的特殊护理。对于在饥渴、窒息、黑暗状态下埋压过久的人，救出后应给予特殊的护理：为了避免强光刺激，要用布蒙上其眼睛；不能让其一下进食过多，不能让其突然接受大量的新鲜空气；被救者的情绪不能过于激动。如果被埋压者身上有伤，要就地做相应的紧急处理。

（5）运送。

对那些被救的人要分情况处理。对救出的危重伤病员、

骨折伤员，运送过程中应有相应的护理措施。重伤员应送往医疗点或医院进行救治。特别应注意的是，救人过程中要把安全放在第一位，否则将会对被埋压者造成新的伤害。在河北唐山大地震的救人过程中，就发生过被救援者踩踏已经倒下的房盖，使房盖下本来可以获救的被埋压者不幸身亡的事。因此，在抢救他人时，一定要用科学的方法，千万不能鲁莽行事。

4 震后互救注意事项

灾后群众或者已脱险的人营救被压埋在废墟中的人称为互救。互救在抗震救灾中非常重要，特别是在救援力量未到达的情况下，灾民互救更是不可缺少的救生措施。互救时需要注意以下几点：

（1）时间要快。

调查结果显示，震后2个小时还无法获救的人员中，58%的人是因为窒息而死亡的。如果救助及时，这些窒息死亡的人完全可以保住性命。因此，在整个抗震救灾中，灾区群众参与及时互救行动，起到的作用是不可替代的。

（2）进行援救时寻找伤员的方法。

根据我国多年来积累的地震知识和经验，总结出以下几种方法来寻找伤员，即“问、听、看、探、喊”。

问：就是询问地震时，与需救助人员在一起的当地熟人、同志和亲友，指出伤员可能在的位置，了解当地的建筑物分布情况和街道情况。

听：就是贴耳侦听伤员的呻吟声和呼救声，一边听一边用手电筒照。

看：就是仔细观察有没有露在外边的肢体或衣服血迹和其他迹象，特别注意房前、床下、门道、屋角等处。

探：排除障碍，形成能够钻进去的地方或者是在废墟的空隙中寻找伤员。这时要注意有无被困者爬动的血迹及痕迹，以便寻找已经筋疲力尽的被困者。

喊：就是让遇难者亲属和当地熟人喊遇难者姓名，细听有无应答之声。

通过以上5种方法，先找到伤员所在的位置，然后再根据具体情况采取合适的援救方法对其进行营救，这样很快就能将伤员救出，并逐步扩大援救范围。

五、地震中受到的主要伤害

地震发生以后，人们通常会受到不同程度的伤害，主要的伤害有如下几点。

1 机械性外伤

机械性外伤是指人被各种设备及倒塌体直接砸击、挤压后的损伤，占地震伤的95%～98%。受伤部位有骨折、头面部伤。其中，骨折发生率比较高，大约占全部损伤的55%～64%，还有12%～32%的软组织伤，其余为内脏和其他损伤。创伤性休克是地震伤死亡的主要原因。

② 埋压窒息伤

埋压窒息伤是指人在地震中身体或者口鼻不幸被埋压，从而发生窒息。在地震引发的地质灾害如泥石流、滑坡、崩塌中，能将整个人埋在土中，有时候没有明显的外伤，但是会因窒息而死亡。

③ 完全性饥饿

在地震中人被困在废墟空隙中，长期断食断水；环境或污浊、闷热，或寒冷、潮湿，使人体抵抗力下降、代谢紊乱，濒于死亡。被救出以后意识模糊、口舌燥裂、全身衰竭，往往在搬动时死亡。

④ 精神障碍

因地震时受到强烈的精神刺激从而出现的精神应激反应。常见的症状是淡漠、疲劳、迟钝、失眠、焦虑、易怒、不安等。

⑤ 冻 伤

地震发生在冬天，在没有取暖设施的条件下可引起冻伤。例如，辽宁海城地震发生在寒冷的冬季，人们只能临时住在防震棚中，天气寒冷，冻死、冻伤多人。

6 烧 伤

有毒有害物质泄漏乃至爆炸或地震诱发的火灾可能引起烧伤。由于地震引发的火灾往往难以躲避，因此容易导致烧伤、砸伤的复合伤，也会增加治疗难度。例如，1975年2月4日19点36分，辽宁省海城、营口一带发生地震，震后因防震棚失火，烧死、烧伤数人。

7 淹 溺

地震诱发水灾会引起淹溺。要创造条件实施水上或空中救护，但由于地震淹溺者往往有外伤，因此治疗难度大。

六、地震后的正确做法

在2007年智利发生的地震中，许多罹难者是被挤压或被砸击致死的；还有一些是当他们被埋进瓦砾时，丧失了生存的希望，精神崩溃，从而歇斯底里地翻腾、喊叫，还没有等到救援就窒息死亡了。那么，地震发生之后，我们应该怎样做才能逃过一劫，保住性命呢？

1 脱离危险房屋

地震时，很多人可能会被倒塌的建筑物砸死，还有很多人会被埋压在倒塌的建筑物下。如果被埋在废墟下，要尽可能减少能量消耗，延长生命。让自己的情绪稳定下来，分析自己所处的环境，留心观察有亮光的地方，努力寻找出路。如果自己无法走出来，还要注意节省体力，耐心等待救援。

② 妥善处理出血和创伤

地震中常见的伤害是挤压伤和砸伤。情况严重的是外出血、开放性创伤和内脏出血。伤员被砸伤时，首先要对其进行止血，同时抬高受伤的肢体。

③ 防止破伤风和气性坏疽的发生

大地震后，伤员如果受到大面积创伤，首先要保持创面清洁，用干净纱布包扎创面。不要忘记打破伤风针，要警惕气性坏疽和破伤风的发生。感染这 2 种细菌后，如果处理不当，也会导致死亡。因此，怀疑有破伤风和气性坏疽时，应立即与医院或者医疗点联系，以便得到及时诊断和特殊治疗。

④ 防止火灾蔓延

在地震后引发的许多次生灾害中，火灾是最常见的一种。火灾发生后首先要尽快设法脱离火灾现场，然后迅速脱下已经燃烧的衣帽，或者卧地打滚，或用湿淋淋的衣服覆盖在身上，也可以用水直接浇泼灭火。但一定不要用手扑打火苗，因为这样效果不佳，还会烧伤双手。

⑤ 安全撤离

在有关人员的指挥下，有秩序地撤离公共场所或教室。千万不要拥挤，因为拥挤有可能会导致人员摔倒而引起踩踏事故，造成不必要的伤亡。遇到特殊危险时要随机应变，注意保护自己，尽快离开室外各种危险环境。不要轻易回到危房中去，谨防余震随时发生。

⑥ 尽快与家人、学校或机关取得联系

按震前商定的家庭团聚计划行动。若暂时找不到家人，可到有组织的疏散地点或单位去寻找。

⑦ 积极参加互救活动

在有关人员的指导下，用科学、正确的方法救助他人。

第四章　滑坡和崩塌

一、滑坡和崩塌概述

滑坡和崩塌都是自然界中的重力地貌过程。它们和洪水、台风等一样具有双重性。所谓双重性就是既有好的一面，也有坏的一面。好的一面是它们给人们带来了可利用的、良好的土地资源；坏的一面是它们的发生不但突然，还具有多发性和群发性，给人们的生活带来了可怕的灾难。如今滑坡和崩塌已成为人类社会的重大灾害之一。

从古至今，人类就不断经受着滑坡和崩塌的干扰。我国

崩塌

是对滑坡和崩塌记载最早的国家，不过当时的人们并没有把滑坡和崩塌分得很清楚，常将两者混为一谈，把它们合称为“山崩”。实际上，滑坡和崩塌不但规模不同，而且作用力也不同。除我国之外，古罗马也有滑坡和崩塌灾害的相关记载。

滑坡是山区常见的一种地质灾害，是斜坡上存在的软弱面或软弱带上的岩土物质作整体性下滑的运动。滑坡可分为4种类型：自然边坡滑坡、岸坡边坡滑坡、矿山边坡滑坡和路堑边坡滑坡。作为一种灾害，滑坡的孕育和发生与人类的生活有着密不可分的关系。一方面，滑坡的发生对人类造成惨重的灾难和损失，有时候它独来独往，摧毁交通设施和通信设施，危及人们的生命和财产；而有时候它与其他灾难同时发生或紧随其他灾难之后发生，“落井下石”，使得灾难加重。另一方面是人类的生活活动、科技发展使滑坡灾害发生得更加频繁，这

滑坡

也是值得深思的问题。

滑坡一般发生在多山地区。据20世纪90年代的调查资料显示，我国山城重庆市是孕育和产生滑坡、崩塌灾害数量较多的地方，其中体积大于500 m^3的滑坡就有129处，另外还有58处崩塌。滑坡事件的发生往往就在一瞬间，不但具有群发性和多发性特点，还具有间接活动特点。例如，我国宝成铁路的熊家河滑坡，从1955年到1982年，滑坡事件不断发生，滑坡、整治、再滑坡、再整治，其整修工程就耗资820万元。由此可见，滑坡灾害是一种危害性很强的自然灾害。

1 滑坡和崩塌的概念

在重力作用下，斜坡上的岩石、土块由于自身重量或受到如地震、人工爆破、暴雨等某些外因的触发，沿着斜坡做下移或坠落的运动，称为块体运动。块体运动不只有滑坡一种，还包括崩塌和泥石流。这里我们主要说滑坡和崩塌。

（1）滑坡。

前面我们说过了滑坡的定义，即在重力作用下，岩土物质沿斜坡做整体性下滑的运动。这些受到触发力而运动的岩土体以水平位移为主，滑动体边缘部分则存在一些极小的翻转和崩离碎块的现象，除此之外，其他部位相对位置变化不大。

滑坡由滑坡体、滑动面（带）、滑床、滑动台阶和滑坡壁等组成。其中滑坡体、滑动面和滑床为必然存在的滑坡三要素。

一般以黏土质为主的土层或泥质岩及其变质岩的分布区易发生滑坡灾害。滑坡的滑动面一般沿着破裂面、岩层面或透

滑坡

水层与不透水层之间的分界面发育。人工开挖的陡坎或者冲刷形成的陡岸最易产生滑坡。诱发滑坡的主要自然因素是地震、降雨和融雪等。

地震使斜坡上的岩土体内部结构遭到破坏，并且会促使原有的软弱面或软弱带重新活动。降雨和融雪的水渗入岩土体的孔隙或裂隙中，一方面使岩土的抗剪强度降低，削减抗滑力；另一方面又使地下水位增高，产生浮托力，两力并存，形成滑坡。因此，常有“大雨大滑，小雨小滑，无雨不滑”的现象。

泥质岩分布区

滑坡的形成过程有快有慢，快的可能瞬间发生，慢的则需要发育几个月甚至几年的时间。

（2）崩塌。

崩塌仍然是陡坡上的岩石土体受到重力的影响而发生的，但它并不是整体做下滑运动，而是突然、迅速地垮落至坡下的现象。规模大的崩塌称为山崩，是巨大的岩石山体下落形成的。崩塌一般发生在悬崖峡谷或者坡度大于60°的海岸、湖岸等陡峭地段，因为这种坡度的地段一般是由坚硬且有裂隙发育的岩石组成的。崩塌易发生在层理、劈理或垂直节理发育倾向与坡向一致的地方。其速度较滑坡快很多，运动速度一般为每秒5 ~ 200 m。

造成崩塌的原因是岩石中已有的构造裂隙和释压裂隙受到风化作用，导致断层不断扩大和发展。这时候的陡坡已经处于极不稳定状态，一旦遇到触发因素（如地震、暴雨或不合理的挖掘、地下采空等），岩体就会发生崩塌。在自然界中，这些已经处于危险状态的斜坡上的岩土体常被称为危崖。崩塌下

崩塌

悬崖峡谷

风化作用

来的岩土体顺陡坡猛烈地滚动、跳跃以及相互撞击后堆积于山麓坡脚地带，主要为大小混杂却棱角分明的粗碎屑物。

大规模崩塌会造成很严重的破坏。它发生得突然，经常会危及人们的生命，损毁交通和通信设施。

综上所述，滑坡和崩塌虽然都是受斜坡重力的影响使块体变形，造成破坏运动的现象，但它们的发育规模、发生环境、成灾特征、运动规律等方面均存在着明显差异。因此，对它们的识别、预防和治理等方面也不尽相同。

2 滑坡的形态要素

滑坡发生、发展的过程并不是神秘不可知的，它有着明显而独特的一系列地貌形态，如滑坡后壁、滑坡侧壁、滑坡鼓丘、滑坡台阶、滑坡舌、滑坡趾、滑坡洼地（滑坡湖）、滑坡泉、滑坡堰塞湖等。此外，表征滑坡重要宏观现象的还有滑坡地表裂缝，它不仅是滑坡力学特征在地表的反映，还是滑坡特征的一部分。

不同类型的滑坡、同一类型但不同地段的滑坡以及滑坡发育的不同阶段，都会体现出不同的地貌形态和地表裂缝特征。因此，通过滑坡地貌形态和地表裂缝的综合分析，我们可

以更加清楚地认识、识别、鉴别出滑坡是否在此地带存在，已经发育到何种阶段或者其稳定状态及发展趋势如何等一系列问题。

滑坡纵向分级运动特征

按照一定的标准，大多数滑坡运动纵向上可分为两级、三级或四级甚至更多。根据滑坡运动过程中的力学特征，可以将滑坡运动分为 3 类，即牵引式、推动式和混合式运动。

（1）牵引式运动。

斜坡前缘部分即阻滑部分被某些因素逐渐削弱其作用失去支撑后，岩土体发生滑动，这就是滑坡的起因。后部的岩土受斜坡前缘坡脚部分滑动的牵引作用而产生滑动，使岸坡依次后退。其中，人为开挖坡脚和流水冲刷坡脚引起的岸坡滑坡是最为典型的例子。

人为开挖坡脚

（2）推动式运动。

有可能产生滑坡的斜坡后部受外加荷载作用和自身重力的影响，首先产生张裂变形，滑动面（带）也沿着软弱面由后到前渐渐发育起来，后部的滑坡推力传递集中到斜坡前缘（即滑动面剪出口），当传递来的滑坡推力大于斜坡前缘岩土的强度时，滑动情况就会在坡体上发生，这就是滑坡的

起因。在前缘滑动面剪出口，因为滑坡的类型是推动式滑坡而有较大的能量被集中起来，因此，滑坡开始时的滑速瞬间比较大，产生的危害也相对大一些。

推动式滑坡

（3）混合式滑动。

一个既有牵引式滑动又有推动式滑动的滑动过程称为混合式滑动。1943年正月初三，在青海省共和县（今龙羊峡水库大坝上游6 km的右岸）查纳村发生的查纳滑坡就是混合式滑动。起初，在村后山坡中部平台的下部产生了有3000万～4000万 m^3滑动方量的推动式滑动，而后，随着坡体下部

旱地

起阻滑作用部位的丧失，无法再支撑整个大边坡，因此又产生了后山坡规模为6500万 m^3滑动方量的牵引式滑动。

4 崩塌的形态要素

崩塌的形态要素比滑坡的形态要素简单，其组成部分主要有崩裂面（壁）、底面、侧面和锥形堆积体。这些结构面通常都是发育、发展在软弱的地质结构面上，如层面、节理面等。

崩裂面（壁）：崩裂面位于崩塌体后缘。它的形成是由于坡体松弛、地应力释放、冰胀作用、地下水的静水压力、根劈作用等因素造成坡体中原生裂隙发育、扩张的结果。坡体上的岩土块受崩裂面发展的影响，逐渐弯曲或倾斜，以至于最终脱离母体引发崩塌事件。

底面：崩塌块体的底面与滑坡的滑动面有质的区别。其底面有些是原生的地质结构面，有些则是由于崩塌体弯曲、折断而发展起来的极粗糙面。

侧面：崩塌块体的侧面。一般这些侧面多为原生的地质结构面。

锥形堆积体：是指岩土体在崩落下来后，于崩裂壁前方的缓坡或坡脚处堆积而成的碎裂岩或土堆。这些堆积体的形状常常呈上指崩裂壁中央的锥形，这些锥形堆积体紧贴岩土陡壁。多个崩塌锥形堆积体相连的现象则称为崩塌群。

5 崩塌运动特征

崩塌块体的运动不存在滑移现象，这点与滑坡有很大的差别。崩塌体从地面开裂后，瞬间撕裂脱离母体，以高速运动临空坠落，整个运动会出现自由落体、推动、跳跃、滚动和碰撞等多种方式并存的复合过程。运动中，大岩土块会由于跳跃、碰撞而碎裂、解体成小块。

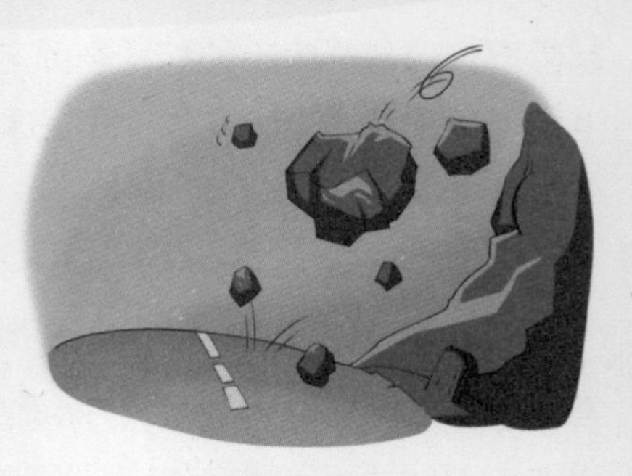
崩塌运动特征

由于崩塌块体运动过程十分复杂，所以并不能像对其他灾害那样做出能量传递、速度和坡面阻力等准确的测定。

6 滑坡、崩塌的分布范围

（1）全球性滑坡、崩塌灾害区域分布。

发生在斜坡上的滑坡、崩塌是一种地貌灾变过程。从全球范围来看，地球的表面尽管只是由平地和斜坡 2 种地形单元组成，但是，它仍有着多种多样和极其错综复杂的形态。只要稍微留意一下，就能轻易看出平地的面积远远小于斜坡的面积。而且，只要是斜坡地形，就有产生滑坡和崩塌的可能。在水底，特别是海底，也有极为突出的表现。在陆地，滑坡可能在坡度很缓的斜坡上发生。例如，在唐山地震区，地震液化作用不仅能轻易地对坡度在8° 以上的地

斜坡上的滑坡

段产生影响，甚至能使坡度在5° 以下的河流岸坡发生滑动。由此可见，滑坡、崩塌分布的全球性特征取决于斜坡地貌单元分布的广泛性。

（2）我国的滑坡、崩塌灾害区域分布。

我国有许多山区发生过多次不同程度的滑坡、崩塌灾害，从长白山到海南岛、从台湾地区至青藏高原都有滑坡、崩塌灾害发生过的区域。相比之下，在南北方向上，以秦岭—淮河一线为界，南部地区的滑坡、崩塌灾害分布较密，而北部地区的则较稀少。在东西方向上，若第一阶梯东部以大兴安岭—张家口—兰州—林芝一线为界，西部地区的滑坡、崩塌分布较稀少，东部地区的则较密；以第二阶梯的东缘大兴安岭—太行山—鄂西山地—云贵高原东缘为界，西部地区的滑坡、崩塌分布较密，而东部地区的则较稀少。其实，上述两线之间的山区即第一阶梯的东部和第二阶梯西部，如云南、贵州、四川三省，甘肃南部、西藏东部和黄土高原沟壑区都是我国的滑坡、崩塌灾害多发区、密集区的主要集中地；而我国台湾地区、闽浙丘陵和喜马拉雅山南麓则是第二分布地。其他地区的滑坡、崩塌灾害主要在湖、河、堤坝、库岸边及道路边坡等处发生。

二、滑坡的预防

什么时候最容易发生滑坡

一场大雨过后或持续的阴雨天期间。

大雨过后

地震期间。

每年春季融雪期。

在滑坡易发期间，积极稳妥的预防工作非常重要，应充分做好减灾、救灾工作。

2 容易发生滑坡的山体特征

斜坡岩、斜坡土层在被各种地质构造面分离成不连续状态的时候，就有可能具备向下滑动的条件。

如果山坡上已经出现了明显的裂缝，并有加宽、加长现象，这可能是发生滑坡的预兆。破碎、松散、风化强烈以及风化深厚的岩层较易发

泥岩

生滑坡。

经过雨水的作用，山体性质会发生变化，容易发生滑坡的岩层如黄土、泥岩、板岩、页岩、凝灰岩等。

3 滑坡前兆的具体表现形式

（1）山坡上有裂缝出现。

滑坡地表裂缝是滑坡形成过程中一种非常重要的伴生现象，随着滑坡的不断发展，裂缝也会由短变长、由少变多、由断断续续到相互连贯。

土质滑坡后缘裂缝张开比较明显，顺着山坡的水平延伸方向分布，裂缝带或裂缝的平面形态具有向山坡上部弧形突出的特征；滑坡两侧的裂缝顺山坡倾斜方向延伸，大多数情况下比较平直，并有水平错动的表现。如果有裂缝壁露出地表，上面通常可以见到水平错动留下的滑坡擦痕。

对于岩质滑坡，滑坡地表裂缝的组合形态和延伸方向通常受节理面和岩层面的影响而十分复杂，规律性不明显。

出现地面裂缝意味着山坡已经处于不稳定状态，水平扭动裂缝和弧形张开裂缝圈闭的范围就是可能发生滑坡的范围。

（2）山坡坡脚松脱或鼓胀。

少数情况下，受河流冲刷或人为开挖坡脚的影响，山坡下部会形成新的临空面，使滑坡迹象首先在山坡坡脚处显现出来。常见现象有以下 2 种：

如果滑坡前部存在阻挡滑动的阻滑带，受后部滑坡推挤，滑坡前缘的地面会出现丘状鼓起，顶部常有放射状或张开

坡脚松脱或鼓胀

的扇形裂缝分布。如果山坡坡脚发生丘状隆起，则存在推动式滑坡正在形成的可能。

斜坡前缘岩层或土体发生松脱垮塌。一般情况下，垮塌的土体比较湿润，垮塌的边界不断向坡上扩展。如果山坡坡脚先发生松脱垮塌，并且松脱垮塌范围不断向坡上发展，可能有牵引式滑坡正在形成。

（3）山坡的中上部发生沉陷现象。

当地面有较厚的近期人工填土或地下存在采空区、巷道、溶洞时，有时会由于填土自然压密或洞顶失稳导致地面沉陷，这种情况下，地面陷落必然与填土范围或地下采空区、巷道、溶洞位置有明显的对应关系。

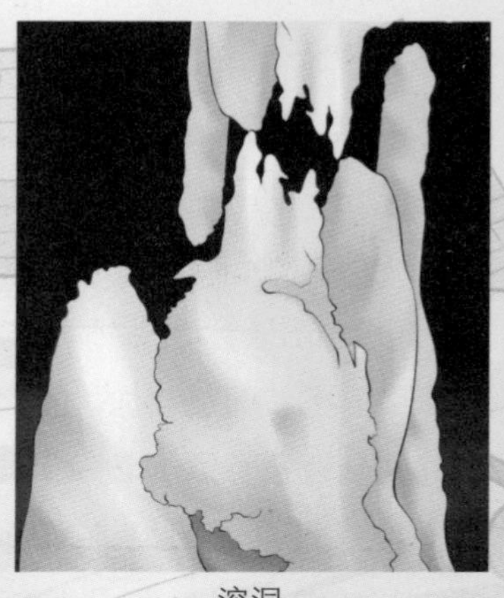

溶洞

如果山坡上出现的局部沉陷与填土范围或地下采空区、巷道、溶洞位置没有对应关系，这种沉陷就很可能是即将

发生滑坡的前兆。

地下采空区、巷道、溶洞引发的地面沉陷，陷坑平面形态通常表现为椭圆形、圆形、条带形；多数情况下，滑坡引起的地面沉陷，陷落带平面形态呈新月状，“月弦”位于下坡一侧。

（4）斜坡上建筑物变形。

斜坡变形程度不大时，在耕地和土质地面上不容易被发现；相比之下，地坪、房屋、水渠、道路等人工构筑物对斜坡变形更敏感。

如果发现各种建筑物相继发生变形，并且变形建筑物在空间分布上具有一定的规律性，就要调查其是否受到其他自然因素或人为因素的影响，经过调查排除其他自然因素或人为因素影响后，就有可能是发生滑坡的前兆。

（5）井水、泉水的异常变化。

滑坡发展过程中，由于土层、含水岩层错动，地下水水质和水量也会发生相应的变化。如果发现井水水位不稳定，忽高忽低或者干涸；蓄水池塘中的水突然大量漏失；泉水水质突然变得浑浊，流量突然变大、变小，甚至断流，原来干燥的地方突然出现泉水或渗水等现象，就有可能是滑坡来临的征兆。

并不是所有的异常都是滑坡来临的征兆，如地下工程施工时的排水活动也会导致局部地下水位下降，相应的井水流量、泉水水位也会变化，这类变化就不属于滑坡前兆。

（6）地下发出异常的声响。

滑坡发展过程中会造成地下岩层剪断，巨大石块之间发生相互摩擦或推挤，可能会产生一些特殊的声响。当听到地下

井水的异常变化

传出异常响声时，应该注意家畜、家禽是否有异常反应。动物对声音的感觉要比人类灵敏得多，它们往往能先于人类感知危险的逼近。

（7）滑坡地区的植被成批倾斜。

斜坡植被的变化也是判断滑坡的重要依据。不同的滑坡运动，引起的植被变化也不同。

当斜坡发生过一次或数次剧烈滑动时，斜坡上的树木会出现东倒西歪的现象。

当斜坡缓慢地长时间发生滑动时，坡上的树木会朝坡上或坡下一侧弯曲或倾斜。

一般树木成批地朝一个方向倾斜是滑坡前兆，但同时要对滑坡前兆加以正确辨别，不要因为个别树木的倾斜现象而慌乱。

（8）各种前兆的相互印证。

不同环境下的滑坡，其前兆出现的多少、延续时间的长

树木成批地向一个方向倾斜

短以及明显程度也各不相同。有些异常现象也可能是受到非滑坡因素的影响而引起的。因此，在判断滑坡发生的可能性时，要尽量排除非滑坡因素的影响，做到多种异常现象相互印证，才能做出正确的判断，进而采取针对性的防范措施。

当已经出现异常现象，但无法判定是否会发生滑坡时，应该坚持“宁可信其有，不可信其无”的原则，积极采取避灾措施，然后再请专业人士来判断。

4 如何避免遭遇滑坡

（1）前期预防。

在滑坡多发季节和滑坡多发地区，不要在危岩下避雨、休息和穿行，也不要攀登危岩。

如果在夏汛时节去山区峡谷游玩，事先一定要收听天气预报，关注天气变化，不要在大雨后或连绵阴雨天进入山区沟谷。

（2）外出旅游时如何避免遭遇滑坡。

要尽量避免在滑坡频发季节到滑坡多发地区旅游。

到那些易发生滑坡的地区旅游，要尽量选择在滑坡发生可能性最小的季节。

地质灾害预报也是很好的参考信息，多留意滑坡发生的前兆。

（3）野营时如何避免遭遇滑坡。

在滑坡易发生的季节尽量避免在山坡宿营。

野营时避开陡峭的悬崖和沟壑。

野营时不要选择植被稀少的山坡。

非常潮湿的山坡也是滑坡可能发生的地区，在野营时要尽量远离这些地区。

不要在已出现裂缝的山坡游玩、宿营。

在雨季来临时不要进入滑坡多发区野营。

野营时避开陡峭的悬崖和沟壑

（4）如何延缓或避免滑坡灾害的形成和发生。

滑坡的发生是可以避免的，我们应该主动消除和抑制滑坡形成的因素，或延缓滑坡的形成。

发现滑坡后，立即向地方政府或地质灾害负责部门报告，以便上级部门尽快了解灾情，采取稳妥的方案或措施进行减灾、防灾工作。

地方政府应号召群众尽可能主动采取措施，如加固堤防、保护植被等，以延缓或避免滑坡灾害的形成和发生。

使用填埋地面裂缝，把地下水和地表水引出可能发生滑坡区域等方法，提高斜坡的稳定性。

避免采取不正确的措施，以防加速滑坡灾害的形成和发展。

5 在容易发生滑坡的地区如何选择避险房屋

为了避免遭受严重损失，应仔细认真地对避险房屋进行各方面检查。以下情况一定要注意：

检查房屋地下室的墙上是否有裂缝、裂纹现象。

观察房屋周围的电线杆或树木是否有向同一方向倾斜的现象，房屋附近的柏油马路是否有变形的情况出现。

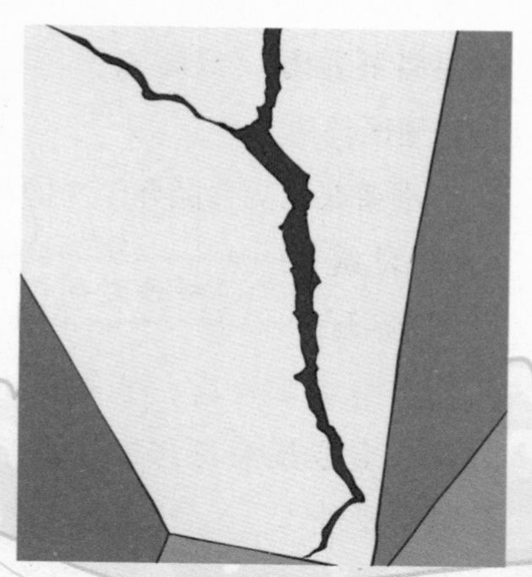

检查墙上是否有裂缝

6 滑坡来临前，如何提前做好必要的物资准备

在滑坡多发地区，平时就应注意滑坡的预防工作，并准备好相应的物资，防止在滑坡突发情况下发生慌乱。如果根据当时的天气情况和各种滑坡的预兆确定滑坡将要发生，应在避灾场所预先做好必要的物资准备，做到有备无患。比如：

选择安全妥善的避灾场所，并在避灾场所搭建临时住所。

根据实际情况，准备好必要的交通工具，检查好通信器材，保持和外界的通信畅通；准备可能会用得上的常用药品；滑坡灾害常伴有恶劣天气的出现，要提早备好雨具、保暖衣物、手电筒等。

提早准备好雨具

准备充足的食品和干净的饮用水。

7 滑坡灾害多发区的建房要求是什么

在滑坡多发区，为减免滑坡造成的危害，修建房屋的时候一定要注意选择安全的场地，这是防止滑坡灾害的重要措施。

选择稳定、坚固的场地建设村寨、房舍和各种建筑设施。

进行专业的地质灾害危险性评估，根据评估结果来选择村寨、房屋的建设位置。

在整体村寨规划建设中，民宅、学校等人员密集建筑物一定要避开地质灾害危险性评估指出的滑坡易发生场地。

8 滑坡地区如何正确开挖坡脚和堆放土石

违规开挖坡脚和违规堆放土石会造成严重的滑坡隐患。

在修路、建房、整地、挖砂、采石、取土时不能盲目施工，尤其是在房屋的前后不要随意开挖坡脚。

开挖坡脚之前，应事先向专业技术人员进行咨询或在其现场指导下进行开挖。

开挖坡脚后，要及时实行砌筑挡土墙和排水孔等一系列保护山坡的措施。

不要在房屋的上方斜坡地段堆放土石，废弃土石量较大时，要选择专门的安全的场地进行堆放。在斜坡上堆弃土石，也易造成滑坡隐患。

禁止随意开挖坡脚，使山坡成为险坡，增加滑坡的发生概率和威胁。

9 防治滑坡的工程措施有哪些

消除或减轻水的危害，改变斜坡外形，设置抗滑坡建筑物和改善滑动带土石性质等，都是防治滑坡的工程措施。

具体包括：

在滑坡体外设置截水沟，在滑坡体上的地表设置排水沟；做好引泉工程建设和滑坡区的绿化工作。

修筑钢筋混凝土排管，铺设石笼。

用焙烧法、爆破灌浆法改善滑动带的土石性质。

10 强化减灾防灾意识，建立科学的灾害防御系统

防范滑坡灾害的发生，不只需要注意外界的客观先兆，还要充分调动群众的积极性和能动性，群策群力，及时做好防范措施，共同防灾减灾。

及时疏浚河道，保持河道、沟渠的通畅。

滑坡地区的排水通道要保持畅通。可以根据具体情况砍伐临空面上部的危树和高大树木，以减少灾害的威胁。

公路的陡坡应尽量削减坡度，以防公路沿线发生崩塌、滑坡。

发动群众，积极配合相关技术人员对村寨、乡镇等存在安全隐患的地区进行严密排查，特别要对滑坡中的裂缝、泉水、水量变化等现象做好及时的观测，进行群测群防。

避免沟道泥沙淤积、漂木阻塞沟口。

三、滑坡来临时的自救

1 山体滑坡自救

遇到山体滑坡时一定要沉着、冷静，不要慌乱，要做到：

向垂直于滑坡的方向逃离，以最快的速度在周围寻找安全地带。

如果实在无法继续逃离，要迅速抱住身边的树木等固定物体。

遇到山体崩滑时，可以蹲在地沟、地坎里，或者躲避在结实的障碍物下。

一定要注意保护头部，可以利用身边的衣物把头包裹住。

另外，水污染、排污系统的破裂和废墟中的尸体能引起疾病的传播，一样可以致命。因此，滑坡发生后要掩埋所有人和动物的尸体。

抱住身边的树木

2 驱车从发生滑坡地区经过时怎么办

如驱车从发生滑坡地区经过，最好掉头找一条较为安全的路线行驶。如果必须经过滑坡发生地区，要注意路上随时可

驱车经过滑坡地区

能出现的各种危险，如掉落的树枝、石头等，还要查看清楚前方道路是否存在沟壑、塌方等，以免发生危险。总之一句话，严密观察，注意安全行驶。

四、滑坡发生后的注意事项

1 发生滑坡后我们应该怎么做

滑坡发生后，要做到：

不要因为贪财而闯入已经发生滑坡的地区寻找贵重物品，那样会有丧命的可能，要迅速撤离到安全地带。

要在确保自身安全情况下参与营救其他遇险者。

在滑坡危险期没过去之前，不要回到发生滑坡的地区居住，避免在第二次滑坡发生时受到伤害。

滑坡停止后，不要立刻回家检查情况。如果自己家的房屋远离滑坡发生区域，也要先确认房屋周边安全后才可以回家。

2 如何选择临时避灾场所

预防滑坡灾害的最佳办法是提前搬迁到安全的地方去。搬迁还面临以下问题：什么时候搬迁？搬迁到什么地方才安全？

可搬迁到滑坡两侧边界外围相对安全的地方，搬迁地离原居住处越近越好，水、电、交通越方便越好。特别需要注意的是，不要将避灾场地选择在滑坡的上坡或下坡。要全面、仔细地考察，不要从一个危险区搬迁到另一个危险区。

五、抢救人或物时的注意事项

在抢救被滑坡掩埋的人和物时，要掌握正确的救助方法，应坚持以下原则：

将滑坡体后缘的水排掉。

从滑坡体的侧面开始挖掘，不要从滑坡体下缘开挖，因为这样会使滑坡速度加快。

先救人，后救物。

第五章 风 灾

一、风灾概述

风灾是世界上最严重的自然灾害之一，包括台风、龙卷风和沙尘暴等。

风灾会给人们的生命和财产带来巨大的威胁和损失。

例如，2009年台风“莫拉克”导致我国500多人死亡，近200人失踪，46人受伤；我国台湾地区南部雨量超2000 mm，造成数百亿台币损失。

2011年8月27日，飓风“艾琳”在美国北卡罗来纳州登陆，美国东海岸的10个州进入紧急状态，约230万居民被疏散。飓风“艾琳”最终导致至少40人死亡。

2012年8月29日，飓风“艾萨克”在美国路易斯安那州东南沿岸登陆，狂风夹杂着暴雨袭击了该州的新奥尔良等地，造成近10万户家庭与商业单位断电。为应对本次飓风，美国墨西哥湾沿海地区的各级政府严阵以待，并对沿海或低洼地带数以千计的居民下达了紧急疏散令。

2012年10月24日、25日、26日，飓风“桑迪”袭击了古巴、多米尼加、牙买加、巴哈马、海地、美国等地，掀起巨大

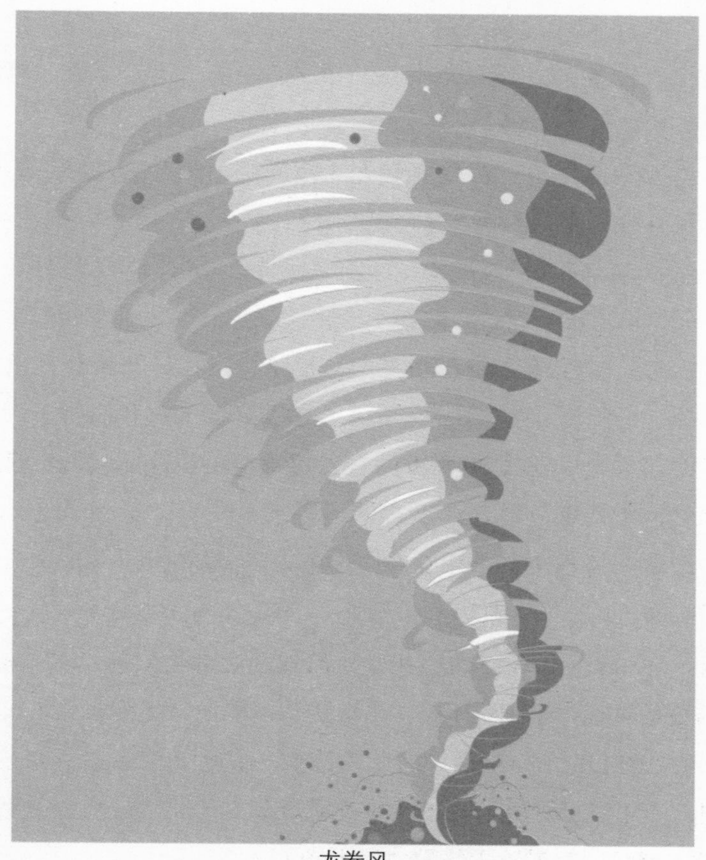

龙卷风

海浪，洪水泛滥，成千上万居民被迫撤离家园，很多村庄和房屋被洪水淹没，造成大量财产损失和人员伤亡。海地44人死亡，19人失踪，12人受伤；在古巴除造成11人丧生外，还给当地造成了21.21亿美元的经济损失；造成美国800多万户停电，至少109人死亡。

2013年6月27日—7月3日，强热带风暴“温比亚”在我国广东湛江市登陆，造成的直接经济损失超过10.81亿元。

各种各样的风灾带来的不仅仅是洪水，还有各种植物病虫害的传播，破坏农作物，毁坏果树，引发沙尘、海啸等灾难。

龙卷风虽然不及台风侵害的范围广，但是它的破坏力较台风有过之而无不及。龙卷风是在极不稳定的天气下，由空气强烈对流运动而产生的小范围空气涡旋，并由雷暴云底伸展至地面，形成漏斗状云（龙卷）产生的强烈旋风。其来临时常伴有雷雨，有时还会伴有冰雹。龙卷风的直径从几米到几百米不等，平均直径为250 m，最大直径至1000 m。风力可达12级以上，最大风速超过100 m/s。虽然龙卷风持续的时间不长，几分钟至几十分钟，但造成的灾害极其严重，所到之处，大片庄稼、树木瞬间被毁，房屋倒塌，交通中断，人畜生命遭到威胁。

风灾给人类造成巨大的经济损失和人员伤亡，因此，我们要掌握风灾的基本知识，运用这些知识来预防和避免风灾造成的伤害。

二、台风的预防与监测

1 台风来临前的预兆

我们常说的台风是指发生在西北太平洋和南海海域的较强的热带气旋。1989年，世界气象组织按照热带气旋中心附近平均最大风力的大小做出了以下规定，将热带气旋划分为 4 种类型，即热带低压、热带风暴、强热带风暴和台风。其中，台

热带气旋造成河南驻马店特大暴雨

风的风力在12级或以上。

了解并掌握台风来临前的预兆，是减少或避免台风灾害的一种有效手段。那么，台风来临前都有哪些预兆呢？

台风来临之前的预兆：长浪

（1）海鸣的出现。

台风来临的前两三天，在沿海地区可以听到嗡嗡声，如远处的飞机声响。随着声响的不断增强，可以判定台风正在逐步接近。根据这个预兆，渔民可以事先采取相应的防台风措施，效果非常好。

（2）有巨大的长浪出现在海面上。

海面上经常在台风尚在远处时就会产生人所能见的长浪。从台风中心传播出来的这类特殊海浪，其浪顶是圆的，浪头并不高，一般高度有1 ～ 2 m，浪头与浪头之间的距离比普通的海浪要长很多。长浪看上去会给人以浑圆之感，其行进速度缓慢，声音沉重，以70 ～ 80 km/ h的速度传播。这种浪在逐渐靠近海岸时，会转变成滚滚的碎浪奔腾而来。长浪越来越猛是台风在靠近的预兆。

（3）在船上落有赶也赶不走的大群疲惫海鸟。

当台风即将到来时，感受到台风气息的大群海鸟为了免受台风威胁，会纷纷从台风中心逃离，日夜兼程地朝着远离台风的陆地飞去。如果有渔船出海，这些疲惫不堪的海鸟群就会歇在船的甲板上，即使有人对其进行驱逐，它们也不会离去，这是台风来临的预兆。

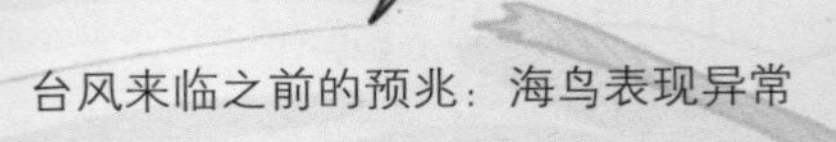
台风来临之前的预兆：海鸟表现异常

（4）高云与骤雨的出现。

在台风最外围是呈白色羽毛状或马尾状的卷云，如果我们看到海上某个方向出现这种形状的云，并渐渐增厚形成密度较高的卷层云，还伴有忽落忽停的骤雨，便可以此推断可能有台风正在渐渐接近。

（5）雷雨停止。

在沿海地区的夏季，雷雨时常发生，若雷雨忽然停止，则预示可能有台风临近。

（6）能见度良好。

在台风来临前的两三天，能见度会比平时高很多，远处景致皆清晰可见。

（7）海风、陆风的风向不明显。

一般情况下，沿海地区风的方向会很明显，白天风由海洋吹向陆地，夜晚风由陆地吹向海洋。而在台风来临前，风的方向不再明显，以此可推断可能有台风临近。

（8）风向转变。

沿海地区夏季季风明显，若风向忽然转变，则预示台风已经临近，因为风向已经受到台风边缘的影响，接着风力便会逐步加强。

（9）特殊晚霞。

台风来临前的一两天，晚霞常出现反暮光现象，即太阳隐于西方地平线下后，发出数条呈放射状的红蓝相间的美丽光芒，直至天穹，且环绕收敛于与太阳位置相对的东方处。

（10）气压降低。

结合以上诸现象，若再发现气压逐渐降低，则预示台风临近。

② 遭遇台风的避险措施

一般来说，掌握必要的避险技巧是防范意外灾害发生的有力保障。遭遇台风的避险措施如下：

（1）密切关注台风气象预报。

气象台根据台风可能产生的影响，分别以 3 种形式向社会发布台风警报，即“消息”“警报”和“紧急警报”。按照台风可能造成的影响程度，可分为四色台风预警信号，从轻到重分别为蓝、黄、橙、红。

密切关注媒体有关台风的报道，及时采取预防措施，可减少不必要的伤害。

（2）及时转移到安全地带。

强风可以使建筑物倒塌、高空设施坠落，造成人员伤亡。居住在各类危旧住房中的居民，出现台风预警时，要及时转移到安全地带，远离临时建筑物、广告牌、铁塔等，防止被高空坠物砸伤。

（3）做好应急的物资准备。

从历年的防灾经验来看，在台风期间多准备些食物、饮用水及常用药品等很有必要，特别是居住在台风运动区间或低洼地带的居民，食物和饮用水一定要准备充足，因为台风最易造成断水、断电。虽然不知道可能面临的台风的危害程度，但事前做好充分的应对措施很有必要。断水、断电的时候，手电筒、收音机也是重要的应急物资。

（4）加固或清理摆在高处的物体。

台风来袭时，大风会把阳台上的花盆、楼顶的广告牌、

关好门窗

折断的树枝刮起来，一不小心，地上的人或动物就会被砸伤。所以，在台风来临之前，大家应把自家阳台或窗口的花盆、衣架等物清理好。

（5）关好门窗，加固易松动物品，并进行安全检查。

关好门窗，并检查其是否坚固；室外易被吹动的物品要加固；检查电路、炉火、煤气等设施是否安全。台风期间，如果建筑物安全的话，最好不要出门，以防发生被砸、被压、触电等不测。

（6）为防进水，下水管道要保持疏通状态。

积水给地势低洼的居民区带来的麻烦和危险要能避则避。首先要做的就是赶在暴雨来临之前检查自家的排水管道是否畅通，如果条件允许，最好将其疏通一下。而住在

一楼的住户则要特别小心，一些不能浸水的物品，要尽可能地移往高处，这样一旦房内进了水，也不会造成太大的损失。

③ 台风警报

根据编号热带气旋的强度和影响时间、影响程度，台风警报可分为消息、警报和紧急警报 3 级。

在预报责任区与编号热带气旋尚有一定的距离或者还没有受其影响时，可以根据需要发布消息，报道其进展情况；解除警报时也可用消息方式发布。

沙尘暴

为了减轻和防止突发灾害带来的不利影响，保障人民生命财产安全，稳固经济的建设、社会的发展并平衡自然环境，2004年8月，中国气象局正式发布了《突发气象灾害预警信号发布试行办法》，并在当年9月开始实行。灾害性天气预警信号分为11类，分别为台风、暴雨、高温、寒潮、大雾、大风、冰雹、雪灾、沙尘暴、雷雨大风、道路结冰。其中，台风预警信号根据台风逼近时间和强度分为蓝色、黄色、橙色和红色 4 级。

《突发气象灾害预警信号发布试行办法》

《突发气象灾害预警信号发布试行办法》中的大多数项目的标准是全国统一的。但是，由于西部和青藏高原地区有着较为脆弱的生态条件，造成灾害的雨量不同于东部地区、干旱地区；在相对湿度较小的地区，高温给人类带来的影响也不同于相对湿度较大的地区，因此可以根据地区实际情况制定出不同于这个试行办法的标准。

根据《中华人民共和国气象法》规定，预警信号由县级以上气象主管机构所属的气象台在本责任区内统一发布。因此，在有重大灾害性天气，如台风、寒潮等来临时，公众就可以迅速从电视、广播、互联网、手机短信和位于城市显著位置的电子显示牌上得到预警信息。下面，我们就来了解一下关于台风的预警信号内容。

（1）台风蓝色预警信号。

台风蓝色预警信号是指在未来24 h之内有受热带低压影响的可能，其风力可达6级以上，或阵风7级以上；或者已经受到热带低压的影响，风力为6～7级，或阵风7～8级，并可能持续。在这个时候，行人迎风行走感觉不便，电线有呼啸之声。

（2）台风黄色预警信号。

台风黄色预警信号是指在未来24 h之内有受热带风暴影响的可能，其风力可达 8 级以上，或阵风9级以上；或者已经受到热带风暴的影响，风力为8～9级，或阵风9～10级，并可能

房瓦被掀起

持续。在这个时候，行人行走时阻力会非常大，小树枝可能被折断，房瓦可能被掀起。

（3）台风橙色预警信号。

台风橙色预警信号是指在未来12 h之内有受强热带风暴影响的可能，其风力可达10级以上，或阵风11级以上；或者已经受到强热带风暴的影响，风力为10 ～ 11级，或阵风11 ~ 12级，并可能持续。在这个时候，树木可能被吹倒，出行会有很大的危险。

（4）台风红色预警信号。

台风红色预警信号是指在未来6 h之内可能或者已经受台风影响，其风力可达12级以上，或者已达12级以上，并可能持续。在这个时候，大树有被吹倒的可能。

三、龙卷风的预防与监测

1 龙卷风的预兆

（1）低云层盘旋，地面上有旋转的碎物和沙尘。

龙卷风是一种涡旋。空气绕龙卷风的轴快速旋转，受龙卷风中心气压极度减小所吸引，在靠近地面几十米时，地面气压急剧下降，气流从四面八方被吸入涡旋底部，因此有旋转的沙尘和碎物出现在可见云层下的地面上，然后地面的风速急剧上升，从而形成龙卷风。

（2）强烈且连续旋转的漏斗形乌云出现在天空。

即将形成龙卷风时，天空中旋转的漏斗形乌云会携风带

龙卷风

雨，甚至携带着冰雹从天而降。龙卷风的出现和消散都非常突然，由于受过境气流的影响，会进一步加强大气的不稳定性，产生强烈上升气流。

（3）风向迅速、变幻不定的同时伴随着雷雨、冰雹。

在形成龙卷风前，雷雨云里空气扰动得比较厉害，上下温差比较大，地面气温可达25 ℃，而高空气温则可低于0 ℃，强对流产生的这种积雨云使得风向不断地迅速变换，并伴随着雷雨、冰雹。

2 躲避龙卷风的方法

（1）躲避在牢固的地下室内。

人们发现，龙卷风经常是忽而着地、忽而腾空地前行，具有跳跃性行进的特点。此外，龙卷风过后会有一条狭窄的破坏带遗留下来。奇怪的是，有时即使近在破坏带咫尺，物体也不会有所损伤。所以，在遇到龙卷风时，人们切莫惊慌失措，而要镇定自若，积极地思考躲避的方法。混凝土建筑的地

下室无疑是较安全的躲避之地，但是地下室并非随处都有，如果不能找到这样的躲避场所，或已经来不及躲避，也要尽可能地抓紧时间往低处走，千万不要待在楼房上面。此外，相对来说，待在密室和小房屋要比待在大房间安全得多。

（2）躲避在靠近大树的房屋内。

树木有一定的挡风作用，迄今为止，人们只见到大树被龙卷风拦腰折断或连根拔起，并没有看见过树木被“抛”到远处的情景。1985年6月27日，内蒙古一户农民家的 1 棵大树被龙卷风连根拔起，此树直径大于1 m，高大于10 m，在其附近，还有 2 棵大树被生生折断，而离大树有3 m之距的房屋却丝毫无损。但是，距离这家30 m远处的6间新盖砖瓦房却因没有树木栽植在旁边而被龙卷风吹毁。由此可见，抵御龙卷风袭击的一个好方法就是在房前屋后多植树。

恐怖的龙卷风

（3）藏身在与龙卷风路径垂直方向的低洼区。

如果龙卷风来袭时，你正巧在野外乘汽车，这非常危险，因为龙卷风不仅能“吞食”沿途的人或汽车，还能使汽车内外产生很大的气压差而引起爆炸。所以，当龙卷风来临时，千万不要滞留车内，应该火速弃车并前往附近的掩蔽处躲避。假如此时已经来不及逃远，也应该沉着、冷静，迅速找一个与龙卷风路径垂直的低洼区俯卧下来，再将两手放于脑后呈防护姿态，因为龙卷风就像百米冲刺的运动员一样，总是“直来直去”的，它要急转弯非常困难。

混凝土建筑的地下室是较安全的躲避地

3 龙卷风来临时的应对措施

在龙卷风来临时，人们会因为无知或防范准备不充分而出现恐慌，从而采取不适当的行动，造成严重的后果。为了防患于未然，平时人们就应居安思危，了解并掌握一定的安全应对措施。那么，应该做好哪些应对措施呢？首先，了解龙卷风在自己居住地区的发生频率和社区为此进行的安排；其次，了解并掌握一些实用的躲避龙卷风的方法，可以及时有效地避险；最后，准备好能够应急的生活用品，放在附近或可以躲藏的地方，并且要进行定期检查和更换。

四、沙尘暴的预防与监测

1 怎样防范沙尘暴

关注气象预报，及时做好防范沙尘暴的应急准备。遇到沙尘暴天气，要及时关闭门窗，尽量避免室外活动。必须在室外活动时，要使用防尘、滤尘口罩，戴头巾或帽子以有效减少吸入体内的沙尘。要戴合适的防尘眼镜，穿戴防尘的手套、鞋袜、衣服，以保护眼睛和皮肤，勤洗手和脸（尤其是在进食前）。

在沙尘暴天气时，应该多喝水，多吃清淡食物。在沙尘暴多发季节，天气普遍较干燥，加上扬尘，皮肤表层的水分极易丢失，造成皮肤粗糙，尘埃进入毛孔后易发生堵塞，若去除

沙尘暴天气应该多喝水

不及时，可能会引起痤疮，过敏体质的人还容易发生各种过敏性皮炎及皮疹。多饮水能及时补充身体丢失的水分，加快体内各种代谢废物的排出，对皮肤保健和全身健康都是非常有益的。

身体免疫力较差者以及患有呼吸道过敏性疾病者要加强自我监护。沙尘暴天气最好不要外出，一旦发生慢性咳嗽伴咳痰或气短、发作性喘憋及胸痛时就要尽快就诊，求助于专业的医护人员，并在其指导下进行相应治疗。

② 沙尘暴天气等级

随着沙尘暴天气的日益严重和我国对沙尘危害的进一步研究，国家相关部门制定了国家标准《沙尘暴天气等级》，把沙尘天气分为以下 5 个等级：

（1）浮尘。

浮尘天气是指当天气条件为无风或平均风速小于或等于3 m/s时，尘沙浮游在空中，水平能见度小于10 km的天气现象。

（2）扬沙。

扬沙天气是指风将地面尘沙吹起，使空气相当混浊，水平能见度在1～10 km以内的天气现象。

（3）沙尘暴。

沙尘暴天气。是指强风将地面尘沙吹起，使空气很混浊，水平能见度小于1 km的天气现象。

（4）强沙尘暴。

强沙尘暴是指大风将地面尘沙吹起，使空气非常混浊，水平能见度小于500 m的天气现象。

（5）特强沙尘暴。

特强沙尘暴是指狂风将地面尘沙吹起，使空气特别混浊，水平能见度小于50 m的天气现象。